3D Printing

3生万物

3D打印：第三次工业革命的引擎

李旭鸿 张永升 等著

经济科学出版社
Economic Science Press

图书在版编目(CIP)数据

3生万物：3D打印——第三次工业革命的引擎 ／ 李旭鸿，张永升等著．
—— 北京：经济科学出版社，2014.12

ISBN 978-7-5141-5237-1

Ⅰ.①3… Ⅱ.①李… ②张… Ⅲ.①立体印刷——印刷术
Ⅳ.①TS853

中国版本图书馆CIP数据核字(2014)第281931号

3 生万物：3D 打印——第三次工业革命的引擎

李旭鸿 张永升 等著

经济科学出版社出版、发行 新华书店经销

社址：北京市海淀区阜成路甲 28 号 邮编：100142

总编部电话：010-88191217 发行部电话：010-88191522

网址：www.esp.com.cn

电子邮件：esp@esp.com.cn

天猫网店：经济科学出版社旗舰店

网址：http://jjkxcbs.tmall.com

河北省保定市文昌印刷有限公司印装

787×1092 16 开 17 印张 200 000 字

2015 年 1 月第 1 版 2015 年 2 月第 2 次印刷

ISBN 978-7-5141-5237-1 定价：58.00 元

编写组

组　长

　　李旭鸿（财政部，北京大学光华管理学院）

　　张永升（北京大学光华管理学院，北京市农村经济研究中心）

成　员（按照姓氏拼音排序）

　　陈衍泰（浙江工业大学）

　　党睿娜（中国北方车辆研究所，清华大学机械工程学院）

　　邓小鸥（中欧国际工商学院（CEIBS）EMBA，济南德佳机器控股有限公司）

　　傅帅雄（北京大学光华管理学院）

　　贺　锐（济南德佳机器控股有限公司）

　　李晋珩（国家知识产权局专利局）

　　李　欣（美国文通国际创新合作中心，United Cultures Innovation Center for International Cooperation）

　　刘　宏（英国格拉斯哥大学亚当·斯密商学院 Adam Smith Business School，University of Glasgow）

　　刘　江（北京物资学院）

　　刘江涛（北京大学光华管理学院）

　　田惠敏（国家开发银行）

　　肖　珣（中国人民大学农业与农村发展学院）

　　许　篝（北京大学光华管理学院）

　　鄢莉莉（北京大学光华管理学院）

　　于　壮（国家开发银行）

　　翟继光（中国政法大学民商经济法学院）

　　张　丹（中国人民大学农业与农村发展学院）

　　张建伦（工业与信息化部）

　　张　伟（《经济日报》驻联合国记者站首席记者）

　　朱　旌（《经济日报》外事部）

科技创新带来了工业革命，技术创新推动了工业的发展。发达国家凭借技术创新的优势成了工业革命的主力军，也在前两次的工业革命中获取了巨大的经济利益和世界话语权。工业，尤其是制造业是经济的重要命脉，我们在过去三十多年里，利用改革开放的良好机遇，快速地发展了国内的工业；从经济总量看，我们已经跃居世界第二位，人民生活得到了巨大的改善。

然而，近几年悄然兴起的3D打印技术，在欣喜于新产品改变我们生活的同时，也让我陷入深思。3D打印不是一台简单的打印机，更不是简单的由原来的二维打印升级为三维打印。一台简单的打印设备，在其背后则是对人类所有创新技术的集成，它颠覆了传统的铸造和切削式加工工艺，学术界将3D打印定义为增材制造。在过去受工艺的技术限制，我们许多重要的设计在生产中难以实现，而今，3D打印已经完全突破，只要在电脑里面能设计出来，就能在3D打印机上打印出来。3D打印的产品现在已经被广泛运用到医疗、航天、模具样品、特殊设备制造以及其他生活物品制造中，因其简便和低成本的优势，其市场前景不可限量。

2012年，英国《经济学家》杂志将"第三次工业革命"作为封面文章，全面地掀起了新一轮的3D打印浪潮。3D打印技术，普遍被认为是可以"与其他数字化生产模式一起，推动实现以智能化为特征的第三次工业革命"。3D打印是一次具有划时代意义的工业革命，它将彻底改变我们的生活、社会经济等各个方面。对于传统工业来说是一次革命，在这次新的革命中，每个国家、每个人都面临挑战和机遇。尤其是对于拥有"世界工厂"之称的制造业大国中国而言，将可能产生不可估量的影响和挑战，也可能是巨大的历史机遇。当前，国内各界对3D打印技术的了解和认知还比较少。放眼欧美发达国家，却已从国家战略的角度进行了布局，比如美国，在国家层面成立了专门的机构、平台，并集成化地培育各种研发团队和市场推广团队，他们已经在该领域取得了一定先发优势，该领域的大部分专利权都集中在美国、德国等发达国家。

本书的主编李旭鸿博士2013年8月在美国培训期间考察过3D打印产业后，感触良深。中外对比，一种责任和使命感激励着他。回国后他立刻组织北大、清华、人大、政法大学等学校年轻专家成立了跨学科、跨领域的研究团队，对3D打印及其在中国发展问题进行专题研究。历时近一年，跟踪梳理和考察了国内外的最新进展，书稿也经过了多次反复讨论和修改，终于形成了今天呈现在大家面前的这本具有开创性的著作。

本书的写作风格采用了通俗易懂的语言进行表达，从大众耳熟能详的历史文化故事、生活的感观展开到专业的3D打印技术；该团队还发挥了相关专业优势，对3D打印技术、产业、战略、政策和法律问题进行了专业思考，让我们在阅读他们讲述的同时还能进行思考并受到启发。

将一个以科技知识为基础的学科领域写作成一本雅俗共赏的大众读物，可见该研究团队的智慧和用心。非常钦佩这群平均年龄还不到40岁年轻学者的爱国情怀和专业素养。少年强则国强！这便是我们新时期年轻学者的风骨，爱国、务实、求真和敢于担当，让我看到了未来中国屹立世界强国之列的信心和希望！

是为序。

厉无畏：经济学家，中国人民政治协商会议第十一届全国委员会副主席，全国人大常委，民革中央副主席，上海市人大常委会副主任，上海社会科学院部门经济研究所所长。

序言二

　　增材制造技术，又称 3D 打印技术，是指依据三维 CAD 设计数据，由计算机控制将材料逐层累加制造实体零件的技术。它是制造原理上的一个重大突破，自 20 世纪 80 年代发明以来，迅速产业化并应用于各工业领域，与传统的等材制造和减材制造三足鼎立、互为补充，产生了优异的效益。美国自然科学基金会称之为"20 世纪最具革命性的制造技术"。

　　3D 打印技术作为"一项将要改变世界的技术"，正在改变着我们传统的生产方式和生活方式。为抢占制高点，欧美发达国家纷纷加大了增材制造技术的研发步伐。

　　美国奥巴马政府 2012 年提出重振美国制造业的一系列发展方案，将增材制造列为 20 项重要技术之一；同年 8 月，美国政府部门和私营部门共同出资创建"美国增材制造创新研究院（NAMII）"，该技术的发展已经成为美国重要国家战略。

　　欧洲、日本、澳大利亚等也制定并推出了各自的 3D 打印发展战略规划。澳大利亚政府 2012 年初宣布支持航空航天领域"微型发动机增材制造技术"；日本政府在 2014 财年预算中划拨 40 亿日元用于 3D 打印国家项目，拟在 2020 年制造出对 3D 打印市场有重大影响的最先进工业 3D 打印设备。此外，一些行业巨头如美国 GE 公司、数控机床巨头德马吉公司、惠普、微软、亚马逊、IBM 等也纷纷加入 3D 打印技术研发与竞争。

　　中国既面临巨大的挑战，也同样面临巨大的机遇。

　　我国自 20 世纪 90 年代初，开始涉足 3D 打印技术的研发，并陆续开展了产业化开发工作。目前，我国在 3D 打印技术装备方面，部分与国外先进水平相当，都处于起步阶段，属于同时代技术。但在成形材料、智能化控制、设计软件和应用范围等方面，研究与发展水平不足。

　　与美国相比，我国在市场和产业化培育方面存在较大差距，企业规模偏小，国民对 3D 打印技术认知度较低。在产业化方面，缺乏关键器件和专用材料生产企业，产业链不完整，企业应用程度低。

为了在全球 3D 打印产业发展的竞争中占有一席之地，迫切需要国家、地方政府、研究机构、大专院校、企业等的支持和共同努力。

2013 年，习近平总书记在视察中关村 3D 打印科研成果汇报时指示：新一轮科技革命和产业变革正在孕育兴起。机会稍纵即逝，抓住了就是机遇，抓不住就是挑战。我们必须增强忧患意识，紧紧抓住和用好新一轮科技革命和产业变革的机遇，不能等待、不能观望、不能懈怠。

2013 年 12 月 8 日，"南京增材制造技术研究院"和由 80 多家大专院校、研究机构和企业参加的"全国增材制造（3D 打印）产业技术创新战备联盟"，在南京市江宁区政府的支持下成立，其目标是引领 3D 打印行业技术进步，推动 3D 打印技术产业的蓬勃发展，为中国的 3D 打印产业发展贡献应有的力量。

自 2012 年以来，由于媒体的宣传与市场需求的推动，世界范围内掀起了一股 3D 打印的热潮。面对未来三年国内百亿市场空间，国内各级政府部门、企业界、资本界、科技人员乃至普通民众纷纷以极大热情参与其中。

但为了 3D 打印产业的健康快速发展，也需要进行冷静思考，避免一哄而上、相互攀比、分散发展。在这种情况下，李旭鸿博士等一些对 3D 打印充满热情和激情的年轻人，撰写了《三生万物　3D 打印：第三次工业革命的引擎》这本书，冷静客观地对 3D 打印相关的技术、产业、战略、政策及法律问题进行了分析研究，提出了他们的看法和建议。该书内容丰富、条理清晰、分析客观，对 3D 打印技术的普及和推广以及相关产业政策的制定都具有重要意义，我个人认为值得一读；并对该书的公开出版，表示衷心的祝贺和深深的谢意。感谢他们为推动中国 3D 打印技术和产业发展付出的辛勤劳动！

卢秉恒：中国工程院院士，快速制造国家工程研究中心主任，西安交通大学教授。

序言三

从农耕时代、工业时代到知识互联网时代，材料与创新设计关系在不断演变。正如路甬祥院士所指出，创新设计由1.0版到2.0版，又到了3.0版。如今，个性化和定制化的需求被大大激发，设计已经深入到产品结构的各个层次，包括材料本身。而通过设计材料，创造功能材料、绿色可再生环境友好材料和生物仿生材料等都极具市场潜力。设计和材料随着人类需求的不断创新，两者协同促进，推动时代的进步和工业技术的变革。

3D打印时代的到来，让材料创新设计与产品创意设计紧密结合，传统加工制造工艺将可能被取代，实现了产品快速一次成型。对产品材质的特殊要求远远超越了工业制造时代，从某种角度来说，作为新兴产业形态，未来3D打印产业的技术核心和市场竞争，将重点体现在新材料的研发和使用。

3D打印在学术界又被称为增材制造。从材质上可以将3D打印产业分为塑料打印、金属打印、碳材打印、陶瓷打印和生物打印等。美国无疑在3D打印领域处于世界领先地位，其在塑料打印和金属打印基础上，目前已经试验成功，实现了生物打印，比如打印皮肤、打印软组织、打印骨骼、打印器官和神经元。虽然生物打印目前尚处于实验室阶段，但器官打印和神经元打印已经在技术上实现了实质性的突破。在航空航天方面，3D打印更是突破了传统加工制造工艺的瓶颈，为航空航天器提供更为安全、性能更为优良的器件。最近，又用碳纤维打印了轿车。3D打印在打印实现过程中重力影响至关重要，在地球上的生产过程中必须考虑重力的因素，这一点影响了打印产品立体设计。鉴于此，美国于2014年9月将人类第一台3D打印机带入太空，进行完全失重条件下的3D打印过程试验，这一试验也是一次历史性的突破。

3D打印技术对材料的要求越来越高，无论是走进百姓生活的塑料打印、金属打印还是尖端航空航天科技以及医疗难题的突破，对新材料的需求将会发生井喷。新材料的研发肩负重要的人类发展使命，任重而道远。

为适应3D打印的需要，必须坚持以绿色化、智能化、个性化为原则，材料的创新设计方向应以良好的使用性能、较低的资源和能源消耗、可再生或可循环利用为主；同时，还要具有自我诊断、针对外部环境变化自我调节、自我修复的功能；针对具体使用者，表现出视觉质感、触觉质感，并以富有生命力和情感文化的方式予以呈现。

目前 3D 打印产业已逐步由社会热议期转入实质性的产业竞争阶段，社会各界迫切需要雅俗共赏的专业著作。李旭鸿博士等专家精心研究的这部新作，深入浅出，纵观全局，既具有国际大视野，也密切接触中国地气，考察科学，论证严谨，战略和政策建议有可操作性，无疑会对中国 3D 打印产业的深入发展发挥重要的推动作用。

3D 打印革命是人类科技创新的集大成，不仅会改变传统的生产制造工艺，还会因技术的革命而带来人类生产方式的转变，利用互联网将会实现全民"万众创新"，每个人即是消费者又是生产者，进一步也将会改变社会生产关系。

3D 打印即将开启一个新的历史时代。

薛群基：中国工程院院士，材料化学专家。

李旭鸿博士不久前随团参加了中美合作开展的"青年领导人公共管理创新建设培训项目",亲临其境感受到了美国的创新强国战略。也许是震撼使然,促使他收集了大量相关"3D打印技术"的第一手材料,并走访了知名的3D Systems公司,以激情撰写了《三生万物 3D打印:第三次工业革命的引擎》这本书。在这样一个过程中,也使自己可能是第一次——正像国内很多经济学家——从一个经济学家的角度来审视科技创新正在给人类带来的巨大变化。

2014年6月3日,习近平总书记在2014年国际工程科技大会上的主旨演讲中指出,"一项工程科技创新,可以催生一个产业,可以影响乃至改变世界。""3D打印技术"正是这样的一项技术创新,其专业术语称为增材制造(Additive Manufacturing),是一种根据三维数据模型累加材料制造实体产品或零件的方法,通常是一层一层的叠加,与其相对应的是传统的去除加工。

基于商业发展动力的刺激,3D打印技术呈现极快的创新速度。在航空航天、军事、地理信息系统、汽车、工业设计、工程和施工(AEC)、建筑,以及教育、医疗、珠宝和鞋类等领域,该技术都可以有所应用。根据美国能源部的预计,相比现行采用机械工具裁减材料的裁减制造方式,增材制造方法可以节俭超过50%的能源,其能够对裁减制造方式进行取代,成为新的经济增长点,对制造业产生深远的影响。

2012年8月,奥巴马政府宣布在俄亥俄州的扬斯敦建立一所制造业创新研究所,此研究所由私营部门和政府部分共同出资建造,简称为国家增材制造创新研究院(NAMII, National Additive Manufacturing Innovation Institute),专门研发增材制造技术,也就是专门的3D打印技术研发机构,归属于美国的国家国防制造和加工中心(NCDMM)。奥巴马政府提出重振美国制造业的目标,其两大核心措施就是增材制造(3D打印)技术、公共和私营部门的创业投资,而增材制造则是重振制造业的"战略级技术"。为组建"全美制造业创新网络",美国政府计划斥资 10 亿美元，建立 15 家制造业创新研究所，其中第一个成立的就是增材制造研究机构。

任何一项创新都是想象力的结晶，科学发现如此，技术发明如此，更重要的是商业化应用亦如此。我们现在看到的 3D 打印制造出了几样难以想象的复杂物件，从大型金属结构件到服装，从个性化定制生物品到真人塑像。但目前绝大多数是同质材料的零件，如果一旦突破不同材料的粘合，并能打印出最理想的金相结构，那么它所能引致的革命显然会远远超过"制造本身"，将使我们所熟知的材料及其制备发生根本性变化。也许这样的突破有一定的难度，但是，假以时日，现实的变化实际会更快到来。有人曾预言 3D 打印永远不会取代大批量的工业生产方式，但当数千台数万台 3D 打印机同时在制造同一物品，而且又无复杂的工序及工序间的传递，特别是没有了切削等加工消耗时，谁能说它不是一种大批量的生产，一种可能比现有方式更节约、更低成本的制造？同样可以想象的——正如已经发生的那样，是 3D 打印将把过去作为单纯购买者的消费者"拉入"到整个设计、制造和消费过程中，使他们可以在家中或以外包的方式来设计和制造出自己心仪的产品，并通过互联网把"自己的产品"售卖出去。

包括 3D 打印技术在内的诸多科技创新都在挑战着我们的想象力，更重要的是行动能力。政府、企业、科学家、工程师、投资者等等都在其中扮演着重要角色。

本书建议尽快建立国家层面的增材制造（3D 打印）领导协调机构，拟定和实施发展战略，统一整合国内科研院所、重点企业、相关产业的研究、制造和市场力量，不输在起跑线上，为第三次工业革命的到来做好应对。

作者的建议有着一种对过去成功的记忆。在新形势新体制下，我们应当更加重视科技创新的商业化环境，因为只有商业动力才能发现和创造出创新的机会，并将科技成果惠及人类。

王元：国家科技部中国科学技术发展战略研究院常务副院长、研究员

由中国知名大学的若干博士后、博士以及美国、英国的专家组成的跨学科、跨领域的研究团队，展开了 3D 打印技术、产业、战略、政策等的专题研究。经过艰苦的近一年的研究撰写，形成了这本《3D 打印：三生万物——第三次工业革命的引擎》。习近平总书记曾指出"一项工程科技创新，可以催生一个产业，可以影响乃至改变世界。""3D 打印技术"正是这样一项工程科技创新。在商业发展动力的刺激下，3D 打印技术创新的速度极快。对于中国来说，国家应抓紧研究和重视 3D 打印技术，并早日将其作为国家战略来大力发展。我们认为，第三次工业革命正在来临，而 3D 打印技术完全有可能成为此次工业革命的引擎。

中国国内各界对 3D 打印的反应也开始越来越强烈，其中已经有相当一部分人群开始投资 3D 打印，学界对此也是关注倍至。但是，现有国内外的有关著作，基本上都是 3D 打印技术的介绍和分析，还缺乏对 3D 打印技术在产业应用、国家战略、产业政策以及相关法律制度方面的研究，而中国国内对于 3D 打印技术的认知还大多处于新鲜技术的介绍和体验阶段，对于该项技术的产业前景、对国内各行各业的企业、制造业、消费市场、物流体系、出口等的影响还没有分析，更没有从国家发展战略、产业政策以及相关法律问题的角度进行研究。

3D 打印技术和产业对居民个人来说意味着什么？会改变人们的生活吗？对国内企业、产业的影响有多大？对国内制造业是否会造成毁灭性的打击？欧美发展 3D 打印技术是否会导致跨国企业回流、是否会大幅减少对中国制造产品的进口？3D 打印技术是否应该作为国家发展战略？对中国企业（尤其是科技企业）、地方政府是机遇还是挑战？中国政府、中国企业、地方政府应该开始做什么样的准备？国内发展 3D 打印产业基础是什么？我们现在取得了哪些成果？在未来 3D

打印产业体系中，我国处于什么样的角色，应该致力于什么样的定位？我们应该创造什么样的产业优势等等？发展 3D 打印产业需要什么样的政策支持，需要解决什么样的法律问题？

这一系列问题都在本书中进行了深入的探讨。这将是全球范围内较早的对 3D 打印技术从产业、战略、政策以及相关法律问题进行研究的专著！而这发生在全球第二大经济体中国的一些有理想、有思想、有智慧并且勇敢无畏的年轻专家手中。

中国正处于经济发展方式转型的关键时期，我们怀着一种责任和激情来完成了这个研究，期待能够为国家的进步、产业的发展发挥作用，期待能够为各界人士提供借鉴和参考，并为全球人类的技术进步和福祉增加贡献一份特殊力量。

In August of 2013, the author of this book Li Xuhong, along with the China Youth Delegation, participated in the "Training Program for Young Leaders' Innovation & Development in Public Management" co-sponsored by the International Youth Exchange Center and Boston University. He earnestly studied the effective innovation mechanism in the U.S. and came to know a lot of new cases, fresh thinking, innovative approaches and different experiences through visiting the America's most famous 3D systems company located in the Boston suburb and communicating with the enterprise managers and Boston University professors. Mr. Li was deeply impressed by this great and imaginative 3D printing technology and its rapid development. After returning home, through systematically collecting and analyzing the domestic and international data and literature, he had gradually acquired the knowledge about technical features of 3D printing, the status quo and its internal and external state of development. Besides, he had built an interdisciplinary research team mainly consisted of post-doctors and doctors from China's top universities, launching a professional research team on 3D printing technology and its related areas such as industrial prospect strategic impact andpolicy setting. With more than six-month efforts, the research team accomplished this book, entitled "3D Printing: the Engine of the Third Industrial Revolution " (name to-be-confirmed).

On June 3, 2014, Xi Jinping, the Chinese President, pointed out in a keynote speech at the 2014 International Conference of Engineering & Technology, "Innovation of science and technology can generate an industry, imposing a great influence upon and even changing the world." 3D printing technology, formally known as "additive manufacturing", is the very innovation driven by commercial development. The innovation in 3D has witnessed an increasing development. Such innovation is now widely applied in the domains such as jewelry, footwear, industrial design, architecture, engineering and construction (AEC), automobile, aerospace, dental and medical industry, education, geographic information system, civil engineering and military affairs. According to the estimation made by the U.S. Department of Energy, the mode of additive manufacturing will save over 50% of energy than the existing mode of cutting-material manufacturing which relies on employing machine tools, accordingly replacing the existing mode and profoundly influencing the future of the manufacturing sector as a new economic engine. So far, America and Europe are taking the lead in the development and application of 3D printing technology. As for China, researches on the 3D printing technology should be given the deserved attention and carried out immediately as a national strategy. We believe that, with the advent of the third industrial revolution, the 3D printing technology has the potential to be the engine of the coming industrial revolution.

The Chinese society has raised an increasing interest in the 3D printing, with some people beginning to invest in it and scholars paying close attention to it. However, the current domestic and overseas literatures are generally about the introduction and analysis of the 3D printing technology, lacking in research on its industrial application, the national strategy, industrial policy and relevant laws and regulations. China, however, remains in the initial stage of introducing and experiencing a new technology, without analysis of its industrial prospect and its impact on different enterprises, manufacturing sector, consumer market, logistic system and exportation, letting alone conducting research from the perspective of national strategy, industrial policy and legal matters.

What does 3D printing technology and industry mean to the individuals? Will it change people's life? What impacts does it have upon China? Will it be a destructive strike to domestic manufacturing sector? Won't the development of 3D printing technology in Europe and the U.S. lead to a multinational companies' return, which will significantly reduce the import of manufacturing products from China? Shouldn't the 3D printing technology be regarded as a national development strategy? Will it offer opportunities or pose challenges to Chinese enterprises (especially science and technology enterprises) and the local governments? What preparations should be made for Chinese central government, enterprises and local governments? What is the foundation for domestic development of the 3D printing industry? What achievements have been made? In the future 3D printing industry system, what roles will China play and what position shall we try to take? What is the industrial advantage owned by us? What policies are needed to support development of the 3D printing industry, and what legal matters should be resolved?

The series of questions mentioned above will be discussed in this book which may be the first works on the 3D printing technology to the global extend, attributed by some idealistic, thoughtful, intelligent and brave young experts from the world's second largest economy—China.

The authors of this book make their respective contributions as the following. Li Xuhong and Zhang Yongsheng are responsible for the theme planning, program design, general compilation and preface; Yu Zhuang, Yan Lili ,Xiao Xun and Zhang Dan for the first chapter; Zhang Jianlun, Dang Ruina and Liu Hong for the second chapter; Zhang Yongsheng, Li Jinheng ,Xu Qian and Zhang Wei for the third chapter; Li Xuhong, Chen Yantai, Zhang Dan, Zhu Jing and Liu Jiangtao for the fourth chapter, and Tian Huimin, Liu Jiang, Deng Xiaoou, He Rui and Zhai Jiguang for the fifth chapter.

China is entering a critical period of economic growth-mode transforming. We have finished our research with a sense of duty and enthusiasm, expecting to play a role in national and industrial development, provide reference for people from all works of life and contribute to technology advancement and the well-being of the whole world.

The writing group members

The group leaders:

Li Xuhong (Ministry of Finance, Guanghua School of Management, Peking University)

Zhang Yongsheng (Guanghua School of Management, Peking University)

Members (in the alphabetical order):

Chen Yantai (Zhejiang University of Technology)

Dang Ruina (School of Mechanical Engineering of Tsinghua University)

Deng Xiaoou (EMBA of China Europe International Business School , Ji'nan deca Machine Co., Ltd.)

Fu Shuaixiong (Guanghua School of Management, Peking University)

He Rui (Ji'nan Deca Machine Co., Ltd.)

Li Jinheng (National Patent Office)

Liu Jiang (Beijing Wuzi University)

Liu Hong (Adam Smith Business School，University of Glasgow)

Liu Jiangtao (Guanghua School of Management, Peking University)

Tian Huimin (China Development Bank)

Xiao Xun (College of Agriculture and Rural Development of Renmin University of China)

Xu Qian (Guanghua School of Management of Peking University)

Yan Lili (Guanghua School of Management of Peking University)

Yu Zhuang (China Development Bank)

Zhai Jiguang (College of Civil Law and Commercial Law of China University of Political Science and Law)

Zhang Dan (College of Agriculture and Rural Development of Renmin University of China)

Zhang Jianlun (Ministry of Industry and Information Technology)

Zhang Wei (Chief Correspondent of United Nations Bureau, Economic Daily)

Zhu Jing (Economic Daily)

目　录

巴西世界杯 苏牙咬人开瓶器与3D打印技术

2014年6月25日巴西世界杯D组第三轮比赛，乌拉圭队对意大利队的比赛，第78分钟，苏亚雷斯有一个疑似咬了基耶利尼肩膀的动作，而意大利铁卫随后也拉开球衣给裁判看，但裁判并没有判罚。

这个咬人的画面随着电视机和网络瞬间传遍了全球，震惊了全世界的球迷和非球迷！国际足联对苏亚雷斯咬人事件进行调查。6月26日，苏亚雷斯因为咬人事件被国际足联纪律委员会处以禁赛9场，以及不能参加一切足球活动4个月的处罚。被誉为"苏神"的苏亚雷斯又有了新的名号"苏牙"。

有人看热闹，也有人从中看到商机。比赛结束后不久，中国商家在网上开卖"苏牙开瓶器"，售价为299元，最高售价为1万元一个，引发网友关注。这个创意被敏感的英国《都市报》报道，针对苏亚雷斯世界杯比赛中咬人事件，苏亚雷斯张开大口的形象被设计成一款开瓶器出现在中国的购物网站淘宝网，除了"一口一个，干净利落，一咬就开"的宣传语外，有店家还标出"乌拉圭出产""属于预定产品"等内容。

作为20多年的足球爱好者，当笔者看到这个消息，不由自主的同西方媒体一样，赞叹中国商家的创造力和把握热点的敏感性，太有想象力了！笔者就很想拥有这样的开瓶器，也想多买两个与同样爱看球的兄弟们分享下。2014年7月1

日，笔者在淘宝上欲订购此商品，不禁大为失望。原来，淘宝上的各个商家，该产品还处于预定期，只有示意的图片，没有产品。商家说，"亲们，想要一个个性的开瓶器吗？目前是预售中，厂家正在试磨具，需要 15 天的周期。为了价格不太高有可能会采用平板式的开瓶器！立体样式的开瓶器有些难度会晚些时候出来！"

而此时已经距离苏牙咬人事件发生快一周了（7 月 1 日写作该文），如果世界杯结束后，这个热乎劲儿将必然削弱，如此好的创意将会错失最佳的时间窗口。这个事情充分说明了传统的开模加工制造技术的成本高、周期长的弱点，使得极佳的创意失去了时效性和乐趣。

笔者立刻想到了应用 3D 打印技术。如果，有某商家能够快速打印出品，并且成本较为合理，推出混合材料的塑料 + 不锈钢产品，就可以实现在第一时间，甚至 6 月 25 日苏牙刚咬人之后，推出此项产品，将必然会一举占领市场，并极大地激发社会各界的创意和创意意愿。

所以，3D 打印技术，是创意产业的最佳平台，是工业个性化的最佳制造机器，苏牙开瓶器只是其应用的极小部分。

3D 打印：三生万物，无限可能。没有做不到，只有想不到！

有了 3D 打印，我们需要做的就是充分锤炼和释放想象力！

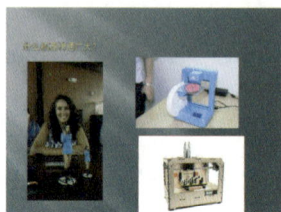

第一章 万能制造：3D 打印 如何改变我们的生活

> 想像力比知识更重要，因为知识是有限的，而想像力概括着世界上的一切，推动着进步，并且是知识进步的源泉。
>
> ——爱因斯坦

3D 打印重塑世界

《西游记》是我们从小就耳熟能详的故事，孙悟空七十二般变化的本事，我们都很向往。孙悟空大战哪吒三太子的场景（图 1-1），你一定很熟悉。吴承恩在书中写到"哪吒三太子与悟空各骋神威，斗了个三十回合。那三太子六般兵器，变做千千万万；孙悟空金箍棒，变作万万千千。半空中似雨点流星，不分胜负。原来悟空手疾眼快，正在那混乱之时，他拔下一根毫毛，叫声'变！'就变做他的本相，手挺着棒，撑着哪吒；他的真身，却一纵，赶至哪吒脑后，着左膊上一棒打来。哪吒正使法间，听得棒头风响，急躲闪时，不能措手，被他着了一下，负痛逃走；收了法，把六件兵器，依旧归身，败阵而回"。

图 1-1 孙悟空大战哪吒三太子

　　这段故事我们都很熟悉，可是原材料"猴毛"变成生命体，在现实生活中，谁能做到呢？别急，3D打印可以帮助我们实现梦想。下面是我们未来的生活，处处都离不开 3D 打印技术。

　　李平（假设名）一起床，就先来到了数字厨房，将昨天老妈给自己的食谱和原材料输进了食品打印机，转身去洗漱。再次来到厨房时，香喷喷、热腾腾的糖油粑粑和豆浆已经按照老妈给的食谱打印出来了，好久没吃过老家小吃的李平急不可待地将糖油粑粑塞进了自己的口中，烫的他直唛气，可那来自儿时记忆的味道却让他舍不得把糖油粑粑吐出来。

　　吃完早餐，李平来到衣橱换上制服，刚要出门，突然想起下班后还要去接女朋友看电影。他马上转身回到衣橱旁，从抽屉中取出一条精致的领带系上。这条领带是李平和女朋友购买的，由知名设计师精心为他俩设计的个性化 3D 打印领带，上面有李平和女友的照片及誓言。

　　上班途中，他习惯性地拿出手机，浏览当天的信息。突然一条信息引起了他的注意，"中国发射的火星 4 号航天器已成功着陆并开始工作"。该航天器有一条特殊的机械手臂用于打印"火星牌 3D 打印机"，而打印出的"火星牌 3D 打印机"将利用火星上的物质来打印中国在火星上的空间站。火星 4 号航天器的这条特殊机械手臂恰恰正是由李平所在的"云端技术公司"设计制造，并拥有全部知识产权。看到这儿，李平不由自主地想起当初研发时度过的紧张岁月。那时候，大家讨论得最激烈、也是最有挑战性的问题：如何有效利用火星物质，打印出 3D 打印机，然后打印出空间站所需的一切！李平清楚地记得，当自己的博士导师提出这个设想时，几乎所有的人都一致反对，认为这简直是不可能完成的任务，最后导师排除异议，表示愿意承担一切后果和费用，才得到公司的支持并派出一小部分科研人员进行研发，李平就是其中之一。在此之前，公司的设想是发射航天器到火星，把材料从地球带过去建立空间站，但是这种做法需要同时发射许多航天器，风险大、成本高。

到公司后，李平开始一天的工作，李平所在的"云端技术公司"主要研发和生产 3D 打印机，公司会根据客户要求为其私人定制一切合法的东西。

快下班时，李平意外发现一封来自公司竞争对手——"宇宙 3D 打印公司"发来的邮件。原来"宇宙 3D 打印公司"与"云端技术公司"都推出了款式和技术几乎一致的私人定制手机，"宇宙 3D 打印公司"准备起诉，但是希望两家公司能够有和解的可能。

目前，随着 3D 打印机日益普及，盗版现象越发猖獗。虽然中国相关法律法规对此有严格规定，但是在商业竞争中追究起来还是困难重重。行业内曾经的两大巨头"快捷 3D 打印"和"如家 3D 打印"就曾因专利问题对簿公堂，接下来是无休止的庭下调查和庭上对质，这两家公司也无暇发展技术，结果双双被行业后起之秀赶超了。

李平把邮件内容和个人处理意见报告给上级之后，离开公司去接女朋友下班回家了。到家之后，李平把从网上买的食谱程序还有食材一股脑地放进数字厨房，跑到客厅跟女朋友一起看 3D 电影，直到一个紧急电话打破了两人之间的愉快氛围。电话是李平的爸爸打过来的，说李平的奶奶心脏出现严重问题，需要更换健康的心脏。后天李平爸爸带着奶奶从老家过来，毕竟李平生活的地方是首都，医院的仪器更先进，条件也更加便利。李平马上给医院打了电话，预约 3D 打印的心脏，并预约医生做手术移植，很快将一切都安排好了。

李平看着墙上 3D 版全家福，每一个人脸上的笑容是如此栩栩如生。还记得照相的那天，其实就是一个月前过年的时候，奶奶还是那么的健康，怎么会一下子查出来心脏出了问题呢？不过还好，现在的医学技术已经相当发达了，器官的移植也不需要到处去找匹配者，然后还要经历痛苦的免疫排斥观察期。

送完女朋友，李平躺在床上拿出为女朋友准备的世界上独一无二的戒指，这可是世界知名珠宝设计师的杰作，不过也是由社区打印店打印出来的。他想起他爸爸说，曾经向他妈妈求婚的时候，这样一枚由世界知名设计师设计的戒指，那可是天价啊，而且还得等很久才能拿到，哪有现在这样方便啊。想着想着，李平进入了梦乡。

鲁班在世

2014 年 4 月，10 幢 3D 打印建筑在上海张江高新青浦园区内揭开神秘面纱。这些建筑的墙体是用建筑垃圾制成的特殊"油墨"，依据电脑设计的图纸和方案，经一台大型的 3D 打印机层层叠加喷绘而成（如图 1-2），据介绍，10 幢小屋的建筑过程仅花费 24 小时。

外媒 2014 年 1 月 22 日报道，"轮廓工艺"3D

图 1-2 3D 打印建筑示例一

打印技术已经问世，该技术由美国航天局（NASA）出资与美国南加州大学合作研发。大约 232 平米的两层楼，"轮廓工艺"3D 打印技术 24 小时内就可以印出，只需一个按键就可以操控机械打印出房子。"轮廓工艺"3D 打印技术可以显著节约建筑成本和建筑时间，假设人类移居月球或火星，该技术可以就地取材，"外星屋"则能批量且快速打印出来。

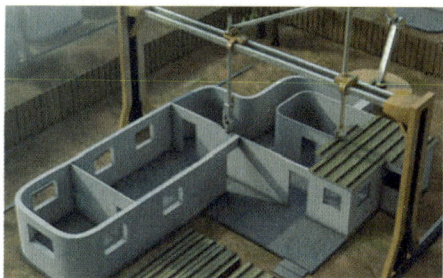

图 1-3 3D 打印建筑示例二

根据南加州大学教授比赫洛克·霍什内维斯（"轮廓工艺"项目负责人）介绍，"轮廓工艺"外形犹如一台悬停在建筑物之上的桥式起重机，中间的横梁是"打印头"，两边是轨道，横梁进行 X 轴和 Y 轴的打印工作，可以上下前后移动，将房子逐层的打印出来。

目前，基于设计图的预先设计，以水泥混凝土为材料，高密度和高性能的混凝土由 3D 打印机喷嘴喷出，运用"轮廓工艺"3D 打印技术一层层打印出装饰、隔间和墙壁等，整座房屋的基本架构由机械手臂完成，电脑程序操控全程。根据相关介绍，"轮廓工艺"机器人打印的房屋非常节省建筑材料。空心的墙壁可以打印出来，质量虽然更轻，但强度系数达到 10000psi，也就是说每平方英寸可以支撑 10000 磅的压力，节省了 25%~30% 的材料和 20%~25% 的资金，强度超过传统房屋墙壁很多。利用 3D 打印机，"轮廓工艺"可以消耗更少的能源，节省 45%~55% 的人力，减少二氧化碳的排放，明显降低了成本，显著提高了效率，而且"轮廓工艺"最大的节俭是节省了人工。

据联合国估计，2050 年全球人口将达到史无前例的 96 亿人，地球居住空间将更为拥挤，荷兰非营利组织"火星一号"从 20 万报名者中挑出 1058 人，参加移民火星训练，预计将挑选出 24 位移民者，2024 年分成 6 个梯次依序升空到火星居住。而人类未来若要移居其他星球，解决住宅问题可谓首要任务。

所以说，随着人工成本价格日益猛增，以及机械工业大量耗费能源等缺点，3D 打印技术一旦开始进入建筑行业，必将带来翻天覆地的变化。

汽车新生

随着 3D 打印技术的进步，越来越多的机构和企业开始重视这项新兴的技术。现在 3D 打印技术已经开始影响到我们的生产方式，在不久的将来，3D 打印产品必定会如潮水般涌入我们的生活，3D 打印技术也将重塑整个世界。

2011 年 3 月，英国一位科学家设计出一款自行车，车轮、轴承和车轴由 3D 打印机一次成型打印出，其坚固程度与钢铝材料不相上下，更重

图 1-4 3D 打印汽车示例

要的是它可以骑；2011 年 9 月，世界首辆 3D 打印机制造的汽车（见图 1-4）现身加拿大温尼伯市·……作为一个乐于接受新鲜事物的人，你是不是由衷地希望自己也拥有一辆这样的自行车或汽车？现在，在中关村，你也可以利用 3D 打印实现自己任何千奇百怪的想法，虽然还只是能够打印一些小玩意儿，但毫无疑问，3D 打印已经悄悄地向我们靠近了，或许就在不久的将来，你便可以拥有一辆自己设计、自己"打印"的汽车了。

随着汽车业的不断发展，中国、美国、日本以及欧洲等国家，都在不断追赶，不断创新，意图在 21 世纪抢占汽车行业的制高点。为某汽车巨头研发部门工作的王华（虚构），目前正面临着一项同时间博弈的研发工作。

为了赶在竞争对手之前推出新车，王华在近三个月内被折磨的筋疲力尽，不断拿着汽车外形的修改图进行调整，然后不断地将其送往设计部门打造汽车模型，然后就是一两天的揪心的等待，等待着打造出来的汽车模型，等待着相关人员的评价，最后再进一步地修改。然而在经过一个月的努力之后，因为某个修改后的形状在铸模的时候存在困难而耽误了时间，从而导致整个研发的时间拖长，最终并没有能够在规定的时间内完成任务。工华作为主要的负责人，不可避免地承当了相当大的责任，并导致在以后的工作中信心大受打击，不敢果断地做出决定，最后丢失了工作。

如果在汽车的设计中采用 3D 打印技术，上面的事情将不会发生。3D 打印机能够在设计方案提出后，就马上将模型打印出来，然后再立刻进行修改。这样的 3D 打印技术不仅节约了很多时间，还节省了人力资源。

教育奇艺

3D 打印不仅能在饮食和医学的舞台上大展神威，而且也能在与我们息息相关的其他领域大放异彩。传统教育方式也将被 3D 打印技术改变。

当前，教学工具和仪器一般由专门的教学设备生产厂商生产，供需沟通不畅，更新换代慢，满足不了教师的要求和学生的需求。传统课堂上，学生们只能从老师的描述、板书或 PPT 展示上，通过文字、图像和动画认知所学习的对象，无法有直接的感官接触。很多学生因为课程的枯燥，没有兴趣学习，考试也是靠死记硬背应付通过，之后很快忘记。3D 打印做到了使每位教师可以根据自己的教学思路和方法，方便地打印自己上课想要展示给学生的模型，比如难以获取的医学解剖、文物古迹等模型，真正做到自己的授课方式完全由自己掌握，让无聊的课堂变得生动起来。课堂上，学生们可以通过触碰 3D 打印出的立体仿真模型，对所学的理论知识有更直观的感应。学生们无需死记硬背，提起相关知识内容，模型便出现在脑海中，知识的吸收和消化将更快更深刻，知识从而变成了"常识"。3D 打印技术为教与学提供了新的媒介，提高了教学的效率和质量。课程作业也可以用 3D 打印机来完成，让学生们自己动手，将自己的想法实现，这将极大地调动起学生们的积极性，并能提高他们的动手能力和创新能力。对于年轻人，尤其是建筑、汽车工程、艺术设计等专业的学生，他们有着数不清的的想法，他们迫不及待地想要将自己的作品以三维立体的形式展示给大家，与大家交流，得到大家的肯定，并获得中肯的建议，以求进步。

不要认为 3D 打印技术不够完善，将其应用于教学还不现实。其实，"梦想已经照进现实"了。目前，一些国家和组织已经开始探索 3D 打印在教育领域中的应用。2012 年，英国教育部开展了一项为期一年的试验项目，将 3D 打印技术试应用于数学、物理、计算机科学、工程和设计等课程中，推动教学创新。美国国防高级研究计划局制作实验和拓展项目计划也已在美国高中推广 3D 打印机。上海静安区青少年活动中心"创意梦工厂"配置了 3D 打印机及配套的 3D 扫描仪，并且定期开设相关课程，免费为有兴趣的学生教授三维设计和计算机辅助制造课程，并打印自己设计的产品。

2013 年 10 月，全国首家 3D 打印体验馆在北京开业（如图 1-5），听起来炫酷的 3D 打印技术将个性化的三维设计图"打印成真"、"克隆"立体人像成为现实。一台手持 3D 扫描仪，仅有鞋盒大小，360 度旋转扫描顾客，犹如科幻片常见的一样，照相者的立体数据显示在电脑屏幕上。三维模型通过软件处理，点击打印，喷头喷出材料，逐层挤压堆积成型，"如假包换"的彩色人物塑像即被打印出。

图 1-5 3D 打印体验馆

医学创新

3D 打印技术可以打印出为病人量身定做的药物。事实上 3D 打印在医药领域的应用已经往前走了一大步。请你想象一下，有一天你生病了，你把你的基因信息和病情输入电脑，电脑根据你个人的情况为你制定一个独一无二的药方，然后将这个药方交给 3D 打印机，这个神奇的机器就为你做出了你所需要的药。你所想象的就是目前科学家正在努力实现的，并且取得了十足的进步。用 3D 打印机即时生产的药物不但可以做到真正地对症下药而且还能解决药物浪费的问题。据世界卫生组织的数据显示，全球有近 60% 的药品因过期而浪费。与此同时，全球只有 40% 的病人可以获得诊断治疗，超过 50% 的病人无法获得有效治疗。究其原因，药品的产业链难逃其咎：药品从厂商到病人手中需要经过大量环节，每增加一个环节，药价便升高一次，大部分的重病患者都对如此高昂的费用望"药"兴叹。3D 打印出的药物，不仅能降低药品的制作成本，还能将药品的产业链缩短，使更多的患者能够负担得起药费，接受更好的治疗。

相比于打印食物和药物这些成分复杂的东西，3D 打印技术在医学的其他领域已经实实在在走进了人们的生活。比如说骨科临床，利用 CAD 设计软件，根据每位患者特有的骨骼结构，设计出和患者最为契合的人造骨骼或义肢，通过 3D 打印机打印出来，就可以使用了。美国科学家用 3D 打印机直接造出一副塑料机械臂，给一位手臂残疾的小女孩带来了福音，带上机械臂后，她基本能够正常活动，这种量身定做的义肢，可以减少对她皮肤的磨损，减轻使用义肢时的痛苦。3D 打印机在美国的许多牙科诊所得到了更广泛的应用。牙医只要学会 3D 打印机的操作，通过扫描牙齿，3D 打印机可以很快制作出牙齿的模型，牙医甚至还可以现场磨制假牙给病人换上（如图 1-6 所示）。

将来听力障碍者或许可以用到科学家研制的更为先进的助听器，现在科学家们已经研制出一款 3D 仿生耳，能够使人听到正常人类耳朵听力范围之外的无线电频率，不久后便会用于外科修复学。

科学家还能用 3D 打印机制造诸如皮肤、肌肉和血管片段等简单的活体组织，如图 1-7 所示。

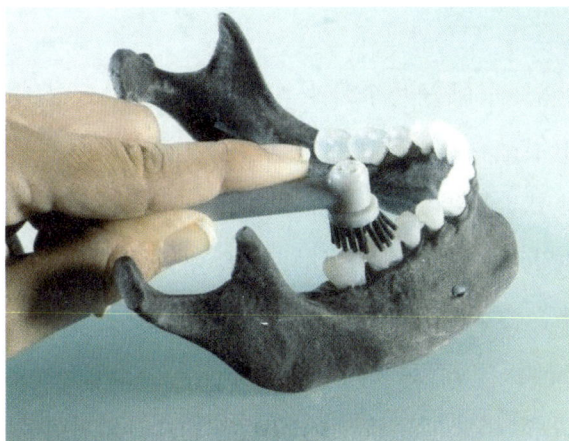

图 1-6 3D 打印牙齿示例

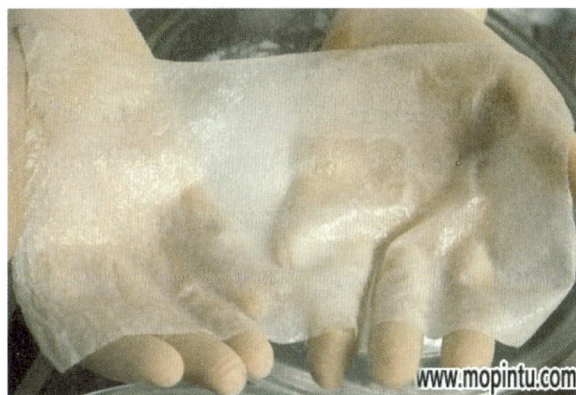

图 1-7 3D 打印皮肤示例

某医院的外科医生李刚（虚构）遇到了一个不大不小的困难，他接诊了一位 5 岁的小患者。这位小患者在一场无妄之灾中被严重烧伤，其完好的皮肤面积不超过 30%，这在烧伤病例里算是 7 级烧伤，是非常严重的，这一切对于才五岁的小朋友来说，真是有点难以承受。

小朋友不仅需要在无菌病房里呆好几个月来等待皮肤移植，还需要同疼痛做斗争。所以李刚医生很是心疼，他很希望从小朋友身上取下完好的皮肤，在培养室内培育，使其生长得更快一些，这样就能尽早地解除小朋友的痛苦。但是毕竟细胞的生长速度就摆在那里，李医生即使再这么替小朋友感到揪心，也只能无能为力了，因为这不在他的能力范围之内。

有了 3D 打印机帮助的李刚医生就不一样了！

在将准备好的材料输入打印机之后，很短的时间内就可以得到小朋友大块的活性皮肤，然后将其移植到小朋友身上，由于该皮肤是由这位小朋友自身的皮肤细胞制造出来的，不存在异体排斥，所以小朋友移植皮肤的痛苦也不大。

目前能够进行 3D 打印的人体部件主要有六种：外耳、肾脏、血管、骨头、皮肤和牙齿，其中，外耳、骨头、皮肤和牙齿的打印应用最为广泛，这些同以前的应用技术相比，与病人本身契合的更紧密，病人的痛苦更小。

未来有一天，3D 打印机能够使用病人身上的干细胞制造出肾脏、肝脏甚至心脏这样的大型人体器官，这样就会减少器官移植后的排异反应，人们再也不用担心自己的亲人因为等不上合适的器官而离开自己。

毋庸置疑，医学将是未来 3D 打印机的重要应用领域。

3D 打印改变生活

在科学技术日新月异的当代，"3D 打印"这种新技术正在悄悄地改变着我们的生活。不管你有没有注意到，3D 打印技术已经开始一点点地改变我们的生活方式，而且对我们未来的生活内容和生活方式将会有更大的直接改变。

私人定制

VIP 是什么？就是"Very Important Person"。我们只是芸芸众生中的一员，但是我们不可否认的是在我们周围存在着这样一批人，他们享受着众人享受不到的待遇，比如手工定制的衣服，只为一个人服务的精品店。这些，都是普通人很难享受到，但又是大家都渴望得到的。就像《西游记》中的孙悟空一样，在得知自己不能参加蟠桃会之后，就开始大闹天空，表达不满。3D 打印技术的应用给众多有经济头脑的人带来了赚钱的机会：既然大众都向往着 VIP 的服务，那么，提供给他们就好了。

这一天一大早，拥有 3 台 3D 打印机的经营者陈东（虚构）就接到了一个订单，说想要为下个月的婚礼定制一对戒指。客户要求戒指是独一无二的，象征着客户夫妇两人别致的爱情，而且戒指上还要求刻上他们的名字。

接到订单的要求后，陈东就开始工作了。首先，他联系了与自己的工作室一直有合作关系的一家珠宝首饰设计公司，告诉了其戒指的设计要求；然后，等拿到设计图之后，陈东交给客户验收，并询问是否有修改意见，等双方达到一致意见后，陈东就开始了戒指的制作。

陈东将设计图放入电脑后，将用于打印的材料装入打印机，由于是贵金属材料，陈东选择了 LENS 又名激光净成形（Laser Engineering Net Shaping）打印机，这样就大大地节省了材料，因为该打印机采用的是粉末打印，未利用的材料还可以下次再用。

最后，戒指打印出来了。陈东将其稍稍地做了修正抛光，就把它交给了客户。单子结束之后，双方都表示很满意。一方面，对于客户来讲，只花了略高于商场成品戒指价格一成的钱，却能得到为自己的婚礼独家定制的戒指，这在以前是无法想象的；再说，整个交易过程中，自己还享受到了陈东的一对一服务，这让普通工人的自己享受到了贵宾的待遇，这感觉还真是独一无二的。另一方面，对于陈东来讲，其实也没花多大的力气，很多东西都是交给别人来做的，自己只不过在电脑面前操作了几下键盘，顺便在机器旁边喝了杯茶而已，更让人舒服的就是，自己当老板而不用东奔西跑，可以过"朝九晚五"的生活，这对多数人而言，都是梦寐以求的工作。

与上述情况相似，为彰显个性，体现与众不同，许多年轻的朋友都爱好佩戴风格独特的戒指。如图 1-8 显示的这款戒指，中间部分缺少一块拼图，其余部分由小块拼图拼合而成，此款戒指是由巴西设计师采用 3D 打印机制成。它以 "I miss you" （我想念你）为名，造型非常优雅，能够很好地表达对恋人的爱慕之情。

图 1-8　3D 打印戒指示例

随着 3D 打印技术的进一步发展应用，以前只属于小部分人的 VIP 服务，目前正在朝着大众化方向扩展。这种大众化的扩展，并不是说产品成为大批量的，而是服务的能力是大批量的，其服务相对应的产品却是唯一的、个性化的，从而实现了大众化的 VIP 服务。

尽享美食

民以食为天。饮食关系到我们每一个人，随着社会的发展，人们早已不再担心温饱问题，而是更加关注自己的膳食是否合理，是否适合自己的体质。然而并不是所有人都能够像营养师一样，能够搭配出营养均衡的膳食；也不是所有人都能像大厨师一样，用有限的食材做出美味的食物。对于不擅长烹饪的和需要特定营养的人，3D 打印机都可以满足其需求。对于不擅长烹饪的人，再也不用在各种食材和锅碗瓢盆中手忙脚乱，他们可以根据名厨研制的食谱，通过食物 3D 打印机做出精致的大餐；对于需要特定营养的人，也可以打印出医生推荐的营养全面的美味食品。

2013 年 5 月，在郑州市举办的一场主题为"科技创新·美好生活"的科技周活动上，神奇的 3D 打印机吸引了众多人的眼球。这台 3D 打印机打印出来的不是什么工业产品，而是与人们生活息息相关的东西——食物（如图 1-9）。市民现场看到，工作人员用奶油作打印材料，以面包为载体，几分钟的时间，就可以用 3D 打印机打印出立体的马、羊、龙等图案。这些图案惟妙惟肖的呈现在面包片上，显得动感十足。

等到 3D 食物打印机发展成熟后，可以"打印"出来更多的食物。科学家拟定的设计蓝图是：通过将 3D 食物打印机与传统工程计算机使用的 CAD 设计软件相互配合来实现；3D 食物打印机使用的不再是墨盒，而是放有食物配料和材料的容器。在 3D 食物打印机特定的位置放入相应的材料，

逐层铺垫。等输入食谱数据文件后，再按下执行键，余下的烹制程序则由
3D 食物打印机执行，输出来的不再是文件，而是能够吃下去的食物。目前，
食品打印机还仅仅在概念设计阶段，但在未来是完全有可能变成现实的。

图 1-9　3D 打印巧克力示例

　　对于厨师来说，这项技术的发明意味着可以开发更多的新菜品，制
作更多的个性化美食，以满足挑剔食客的口味需求。食物打印机的使用，
使得从原材料到成品的环节大幅缩减，因此，原材料加工、包装以及运输
引起的营养流失和损耗就可以避免。对于母亲而言，这项发明让人如此欣
喜，她们可以发挥自己的创造力，用 3D 食物打印机"变"出各种可爱的
小动物、卡通人物等，以此来唤起孩子们对吃饭的兴趣；同时，孩子们一
餐摄入的营养元素也可以更多。因为以往虽然母亲想要烧制更多的菜以增
加营养，但是效果总是不太理想，一来小朋友没有那么大的食量，二来孩
子们总是很挑食。

　　此外，普通食品还有保存期限的问题，食物与空气中的氧、微生物

接触后，很容易产生化学反应而变质，造成了食物的浪费。相对地，把食品原料变成粉末或液态储存在 3D 打印机的"墨盒"里面，可以放置很多年都不会变质，这就可以很好地解决食品过期浪费的问题，同时还可以节省厨房空间，也会让厨房更加干净整洁。

个性购物

在过去的几十年里，互联网和移动互联网的出现，电子商务的异军突起，改变了我们购物的习惯。电子商务不仅让人们多了一种购物的方式，而且增加了很多购物的选择，使我们足不出户就可以挑选美国最流行的服装，品尝韩国的美味。越来越多的人因为工作和生活忙碌，从而习惯了网络购物。但是目前的网络购物却遇到了很多问题，辛苦等来的衣服却不合身，要么勉强凑合，要么又要退回去，好心情也被破坏了。这使得我们对网络购物又爱又怕，多么希望在千千万万的商品中，有为自己量身打造的。3D 打印技术的出现圆了很多人的梦想。

3D 打印技术发展迅猛，借助互联网络，大批 3D 打印机将形成无形的制造网络，它也将撼动生产消费类商品领域的商业模式，实时地满足人们的各种需求。你甚至可以在地铁上向商家或设计师提出需求，由他为你提供设计，确定满意后，设计师的电脑终端将与你的 3D 打印机实现对接，把程序语言远程传输到你的 3D 打印机，3D 打印机智能运作将产品打印成型，一回到家你就能看到自己想要的商品，省时省力。或者你自己掌握了设计软件的方法，自己既设计又打印，那么这件商品一定是独一无二，绝无仅有的。我们终于可以摆脱流水线上千篇一律的产品的束缚，"我设计、我制作、我喜欢"。

再进一步展开想象的翅膀，有一天，商家不会再依靠卖产品获得差价为生，好的想法和 3D 设计程序将成为其核心产品。当然，每个人都可以成为好想法的贩卖者。我们可以把自己"做成"惟妙惟肖的 3D 模型送给我们的朋友，这或许是他们收到的最可爱的生日礼物了。

如今，科学家正在努力让 3D 打印机进入普通家庭，成为人们生活的一部分，构建更密集的 3D 打印制造网络，实现生活的现代化和便利化。或许那时，我们周末的生活是这样的：居住在自己打印的房子里，早上阳光唤醒我们，脱去一周的疲惫。我们来到厨房，使用自己设计的漂亮餐具，为我们的爱人"打印"一杯香浓的摩卡和一块提拉米苏，为我们的宝贝们"打印"美味的巧克力糖果和牛奶。之后，我们可以用个性化的电脑，上网了解下，今天发生了什么事情；旁边，我们的宝贝们正在摆弄我们昨天刚给他们打印出的汽车模型。心间仿佛流淌着曼妙的音符，仿佛照进了暖阳，我们感恩创意带给我们的舒适感，我们珍惜一切的美好与幸福。

谈"3D"色变？

我们必须承认，3D 打印技术会给我们的生活带来一些负面的影响。2013 年 5 月 6 日，世界第一柄 3D 打印手枪测试成功并可稳定开火，这一消息更坚定了我们的看法：3D 打印技术并不只会给我们带来好处，也会给我们的生活带来麻烦。在 3D 打印技术普及的未来，普通消费者能够通过互联网获得设计方案，在家就可以打印物品。对于危险物品如枪支弹药等，假设也通过 3D 打印技术制造，那么就可能会导致枪支泛滥，这将可能对我们的社会造成很大的危害。还有犹如电影《十二生肖》中"功夫巨星"成龙扮演的国际大盗一般，利用高科技扫描手套获取圆明园兽首模型的三维数据，远程传输到同伙的电脑上，瞬间就"打印"出了一模一样的铜兽首。尽管电影里有所夸张，但电影里的技术变成现实也不无可能。假如有一天我们的指纹、瞳孔等重要的身份识别标志，也会如这铜首一样被轻松伪造，那么这将会带来多大的社会混乱呢？

但是，我们并不认为3D打印技术已经发展到了谈"3D"色变的程度。新技术的产生并不是无缘无故的，就好像"没有无缘无故的爱，也没有无缘无故的恨"一样。任何事物的产生，都有其根源。科学技术产生的最根本原因在于市场需求、社会需要和利益驱动。当原来的技术无法解决已经出现的现实问题时，或者新技术能够更好地满足人们不断产生的新需要，并能带给推广者丰厚的收益的时候，这都会为技术的市场化带来源动力。人类文明的进步和社会的发展，离不开新技术的发明和运用。正因为有了新技术，人类文明的成果才得以保存、传播和发展，更多的群体才能享受到人类的文明成果；正是因为有了新技术，我们的生活质量才有了飞跃性的提高；正是因为有了新技术，才使我们有了更快捷的交通，更方便的沟通，从而"缩短"了地球人之间的距离。

人们促进技术发展进步时，更倾向于设想这项技术给人类社会带来多大的福祉，然而技术产生后，技术自身存在的可能带给我们的危害，如何建立规范来约束技术的负面影响等问题，也是人类不得不面对的。例如，对于网络技术带来的各种信息安全问题，对于生物技术的运用带来的对人伦道德的各种挑战，我们将通过法律法规的规范和行政的监管，控制其负面影响，使网络技术和生物技术更好的爆发正面能量。网络技术引起了文化信息传播方式的重大变革，极大地丰富了我们的情感和文化交流；生物技术对人类的生存和发展起到了不言而喻的重要作用。同样的道理，只要运用的好，有效地控制3D打印技术可能带给我们的危害，3D打印技术仍就是改变世界和造福人类的技术。

放轻松一点，我们不必太过担心，无论你是否高兴，是否接受，是否适应，3D打印技术歌着唱着：我来了！作为普通民众，我们到底是该如何享受"3D打印生活"呢？人们对新事物必然会经历由抗拒到接受的过程，现在我们所能做的，就是将这种因为不适应而引起的"抗拒期"缩短，把拒绝产生的不良影响降到最低。我们一直在说，对待新事物，要保持了解、包容和开放的态度。我们也要拿出开明睿智、大气谦和、海纳百川的精神，怀着开放的态度来拥抱3D打印技术。

正是因为积极地面对科学技术带来的各种影响，人类才享受到科学技术飞速发展带来的各种便利。若不是人们大胆地接受了互联网，就不会享受到实时快捷的交流，方便地获取到大量的信息。同互联网技术一样，3D打印技术也一定会给我们的生活带来诸多便利。现如今，已经有人开始在生活的各个领域享受"3D打印生活"了。

精华小结

3D打印技术正在悄然改变我们的生活，本书正是从人们的吃、住、行等方面，对3D打印技术的应用进行全面系统的分析归纳，为读者呈现出一幅绚丽的画卷，帮助读者全面了解3D打印的神奇之处。让我们以更加积极的心态去迎接"3D打印时代"的到来吧！

第二章 三生万物：3D 打印技术全景扫描

道生一，一生二，二生三，三生万物。

——《道德经》

在《西游记》的另一个故事中，唐僧师徒来到车迟国，与鹿力大仙赌"隔板猜枚"。国王传旨命内官将一朱红漆的柜子抬到宫殿，教娘娘放上件宝贝。孙悟空钻将进去，见一个红漆丹盘，内放一套宫衣，乃是山河社稷袄，乾坤地理裙。用手拿起来，抖乱了，咬破舌尖上，一口血哨喷将去，叫声"变"！即变作一件"破烂流丢一口钟"。于是，唐僧师徒赢得了这场赌局。"一件宫衣"突然间没了，出现了一件叫做"一口钟"的破旧衣服，这是一个看起来不可能的神话故事，但是运用现代的 3D 打印技术却可以完成这项不可能完成的任务，运用特定的 3D 打印材料"无中生有"地"打印"出你所需要的任何东西，包括"破烂流丢一口钟"。那么，什么是 3D 打印呢？这不得不从 19 世纪末说起。

3D 打印为何物

3D 打印发展概况

1. 3D 打印的起源

过去三百年来，在欧美等国发生了两次工业革命，促进了资本主义的发展和工业生产技术的革新。出于科学研究和产品设计的需要，一种名为"3D 打印"的快速成型技术也在 18 到 19 世纪开始萌芽，威廉姆光刻实验室也就在这段时期开展了商业探索。遗憾的是，由于受到技术的限制，这种设想在当时并没有获得突破性的进展。到了20世纪80年代，3D打印技术才在商业领域获得真正意义的发展，涌现了几次3D打印技术浪潮。2007年，开源的桌面级3D打印设备发布，开始酝酿了新一轮的3D打印浪潮。2012年4月，英国著名经济学杂志《经济学家》将"第三次工业革命"作为封面文章（图2-1），掀起了新一轮3D打印浪潮。

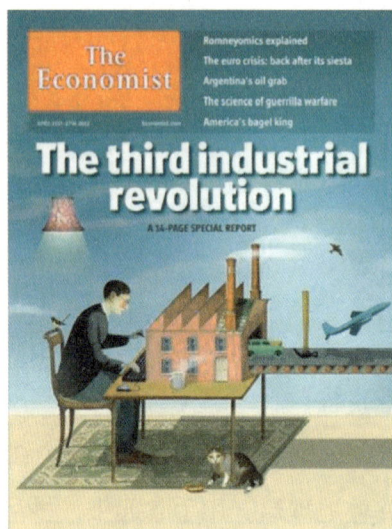

图2-1 《经济学家》的封面文章《第三次工业革命》

从3D打印技术的发展历程来看，Blanther（1892）首次提出用层叠成型法来制作地形图的构想，Perera（1940）也提出了可以沿等高线轮廓切割硬纸板然后层叠成型制作三维地形图的方法。Matsubara（1972）基于纸板层叠技术率先提出了一种新的成型方法，即尝试使用光固化材料、光敏聚合树脂涂于耐火颗粒，然后这些颗粒将被填充

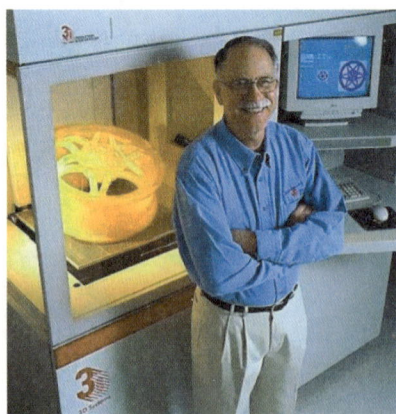

图2-2 Charles W. Hull 与世界上第一台 SLA 商用 3D 打印机 SLA-250

到叠层，加热后会生成与叠层对应的板层，光线有选择地投射到该板层上将指定部分硬化，未扫描部分将会使用化学溶剂溶解掉，这样板层将会不断堆积直到最后形成一个立体模型，这样的方法适用于制作传统工艺难以加工的曲面。Swainson（1977）提出可以通过激光选择性照射光敏聚合物的方法直接制造立体模型，与此同时 Battelle 实验室的 Schwerzel 也开展了类似研究工作。日本学者 Nakagawa（1979）开始用薄膜技术制作出落料模、注塑模和成型模等实用工具。Hideo Kodama（1981）首次提出了一套功能感光聚合物快速成型系统的设计方案。Charles W.Hull（1982）试图将光学技术应用于快速成型领域，并于 1986 年成立了 3D Systems 公司，研发了后来成为 CAD/CAM 系统接口文件格式工业标准的 STL 文件格式，1988 年推出了世界上第一台基于 SLA 技术的商用 3D 打印机 SLA–250（如图 2–2 所示）——体积非常大的"立体平板印刷机"。尽管 SLA–250 身形巨大且价格昂贵，但它的面世标志着 3D 打印商业化的起步。Scott Crump（1988）发明了另一种 3D 打印技术即熔融沉积快速成型技术（Fused Deposition Modeling, FDM），并于 1988 年成立了专门从事 3D 打印业务的 Stratasys 公司。

　　C.R.Dechard（1989）在德克萨斯大学奥斯汀分校发明了选择性激光烧结工艺（Selective Laser Sintering, SLS），该技术得到广泛应用并支持尼龙、蜡、陶瓷，甚至金属等多种材料成型，从而使 3D 打印生产走向多元化。1992 年，Stratasys 公司推出了第一台基于 FDM 技术的 3D 打印机——"3D 造型者（3D Modeler）"，这标志 FDM 技术进入商用阶段。MIT 的 Emanual Sachs（1993）发明了三维印刷技术（Three-Dimension Printing, 3DP），3DP 技术使用粘接剂把金属、陶瓷等粉末粘合成型。

　　到了 1995 年，快速成型技术被列为我国未来十年十大模具工业发展方向之一，国内的自然科学学科发展战略调研报告也将快速成型与制造技术、自由造型系统以及计算机集成系统研究列为重点研究领域之一。1996年，3D Systems、Stratasys、Z Corporation 各自推出了新一代的快速成型设备 Actua 2100、Genisys 和 Z402，此后快速成型技术便有了更加通俗的称谓——"3D 打印"。1999 年，3D Systems 推出了售价 80 万美元的 SLA 7000。2002 年，Stratasys 公司推出 Dimension 系列桌面级 3D 打印机（如图2-3所示），Dimension 系列价格相对低廉，主要也是基于 FDM 技术以 ABS 塑料作为成型材料。

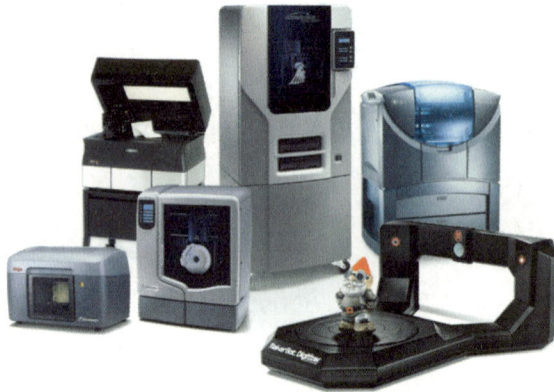

图 2-3 Dimension 系列桌面级 3D 打印机

2005 年，Z Corporation 推出世界上第一台高精度彩色 3D 打印机 Spectrum Z510，让 3D 打印走进了彩色时代。2007 年，3D 打印服务创业公司 Shapeways 正式成立，Shapeways 公司建立起了一个规模庞大的 3D 打印设计在线交易平台，为用户提供个性化的 3D 打印服务，深化了社会化制造模式（Social Manufacturing）。2008 年，第一款开源的桌面级 3D 打印机 RepRap 发布，RepRap 是开源 3D 打印机研究项目，由英国巴恩大学 Adrian Bowyer 团队在 2005 年立项，得益于开源硬件的进步与欧美实验室团队的无私贡献，桌面级的开源 3D 打印机为新一轮的 3D 打印浪潮翻起了暗涌。2009 年，Bre Pettis 带领团队创立了著名的桌面级 3D 打印机公司——Makerbot（如图 2-4 所示），Makerbot 的设备主要基于早期的 RepRap 开源项目，但对 RepRap 的机械结构进行了重新设计，发展至今已经历几代的升级，在成型精度、打印尺寸等指标上都有长足的进步。

图 2-4 Makerbot 团队

Makerbot 承接了 RepRap 项目的开源精神，其早期的产品同样是以开源的方式发布，在互联网上能非常方便地找到 Makerbot 早期项目所有的工程材料，Makerbot 也出售设备的组装套件，此后国内的厂商便以这些材料为基础开始了仿造工作，国内的桌面级 3D 打印机市场也由此打开。

2012 年，英国《经济学家》杂志将"第三次工业革命"作为封面文章，全面地掀起了新一轮的 3D 打印浪潮。2012 年 9 月，3D 打印的两个领先企业 Stratasys 和以色列的 Objet 宣布进行合并，交易额为 14 亿美元，合并后的公司名仍为 Stratasys，进一步确立了 Stratasys 在高速发展的 3D 打印及数字制造业中的领导地位。2012 年 10 月，麻省理工大学的 Media Lab 团队成立 Formlabs 公司并发布了世界上第一台廉价的高精度 SLA 消费级桌面 3D 打印机 Fom1（图 2-5），从而引起了业界的重视。此后在著名众筹网站 Kickstarter 上发布的 3D 打印项目呈现出百花齐放的盛况。国内的生产商也开始了基于 SLA 技术的桌面级 3D 打印机研发。

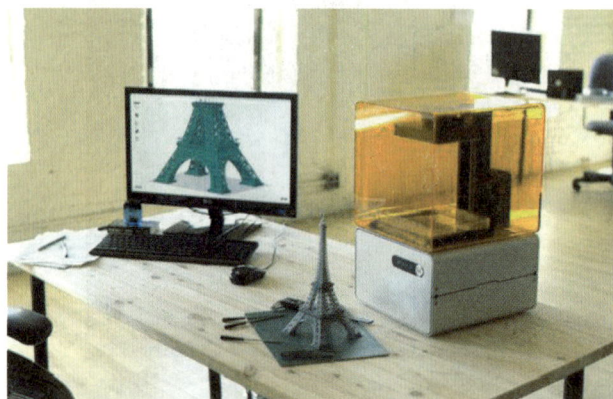

图 2-5 Formlabs 公司推出的 Form1 桌面级 3D 打印机

同期，中国 3D 打印技术产业联盟正式宣告成立，其由亚洲制造业协会联合清华大学、北京航空航天大学和华中科技大学等权威科研机构以及 3D 行业领先企业共同发起。国内关于 3D 打印的门户网站、论坛、博客如雨后春笋般涌现，各大报刊、网媒、电台、电视台也争相报道关于 3D 打印的新闻。2013 年 12 月 8 日，在南京也成立了由 80 家高校、院所、企业参加的"3D 打印产业技术联盟"，西安交通大学的卢秉恒院士担任理事长，西北工业大学的黄卫东教授等担任副理事长。

2013 年，3D 打印位列《环球科学》即《科学美国人》中文版评选的"2012 年最值得铭记、对人类社会产生影响最为深远的十大新闻"的第九名。

2014 年 12 月 12 日，全球最大的分布式 3D 打印服务平台 3D Hubs 在汇集了来自全球各地 2279 位经过认证的 3D 打印机用户的评论的基础上，发布了《2015 年 3D 打印机指南（2015 3D Printer Guide）》，把 3D 打印机分成了五个不同的类别：发烧级类（Enthusiast）、即插即用类（Plug-n-Play）、套件 /DIY 类（Kit/DIY）、经济类（Budget）和光敏树脂类（Resin）。

2. 3D 打印行业发展

3D 打印技术在艺术设计、航空航天、地理信息、军工、医疗和消费电子产品等多个领域都得到了应用。美国的技术咨询服务协会 Wohlers 专门从事增材制造技术，根据其公布的 2011 年度报告，2010 年 3D 打印技术行业的销售额是 13.25 亿美元，市场的年均复合增长率达到 24.1%，该公司预计至 2020 年，增材制造市场可能达到 52 亿美元。与此不同的是，全球工业分析公司（ＧＩＡ）给出了保守的预测，认为 2018 年该市场将达到 30 亿美元的规模。Wohlers 的"2011 年度报告"分析了增材制造技术在各行业的应用情况，消费品 / 电子占 20.62%，汽车占 17.92%，医疗 / 牙科占 15.92%，工业 / 商用机器占 12.91%，航空航天占 9.91%，科研占 7.91%，政府 / 军事占 6.31%，建筑 / 地理占 4.00%，增材制造技术主要应用功能是功能模型、直接数字 / 快速制造、装配模型、快速模型原型、直接教具、金属铸造模型、展示模型、科研教育和工模具模型，分别占 19%、15%、13%、12%、12%、9%、8%、6% 和 3%；美、日、德、中等国成为 3D 打印设备的主要设备拥有国，分别占 41%、10%、9% 和 6%。

3. 3D 打印核心企业

对于 3D 打印机行业，从全球来看，在市场中占据绝大多数份额的是美国的两家公司，它们分别是 3D Systems 和 Stratasys。此外，在此领域具有较强技术实力和特色的企业 / 研发团队还有美国的 Fab@Home 和 Shapeways、英国的 Reprap 等。3D Systems 是世界上第一家生产 3D 打印设备的公司，也是全世界最大的快速成型设备开发公司。2011 年 11 月，在 3D Systems 公司收购了 Z Corporation（3D 打印技术的最早发明者和最初专利拥有者）之后，3D Systems 占据 3D 打印领域的龙头位置。2010 年 Stratasys 公司与传统打印行业的巨头惠普公司签订 OEM 合作协议，生产 HP 品牌的 3D 打印机。继 2011 年 5 月收购 Solidscape 公司之后，2012 年 4 月 Stratasys 又与以色列著名 3D 打印系统提供商 Objet 宣布合并。当前，国际 3D 打印机制造业正处于快速的整合和迅速的兼并过程中，呈现出加速崛起行业巨头的态势。

表 2-1　3D 打印领域国际主要企业 / 研发团队及其技术特色

主要企业/团队	技术优势和特色
3D Systems	1.具有全彩3D打印功能；2.具有尺寸较大的成型；3.达到 600dpi 的分辨率高；4.较高的工艺方便性和经济性；5. 熔融材料高分辨选择性逐层喷射技术
Stratasys	1.逐层喷射，光敏固体技术；2.能够建立光华表面、细小特征和复杂形状，精细度高；3.FDM（熔融沉积成型）技术；4.能够喷射第二种材料为所需形状建立支撑
Fab@Home	1.开源的建议3D打印设计方案；2.低价家用3D打印机
Shapeways	1.在线DIY设计打印服务；2.多种材质打印如塑料、陶瓷
Reprap	1.开源的软硬件技术资料；2.可自身复制的3D打印机

各代表企业采用的工艺、材料和面向市场情况如表 2-2 所示。增材制造技术工作组及其路线图如表 2-3 所示。

表 2-2　增材制造技术工艺及代表企业

工艺	代表企业	材料	市场
光聚合技术	3D Systems（美国） Envisiontec（德国）	光敏聚合物	快速成型
材料喷射	Objet (以色列) 3D Systems（美国） Solidscape（德国）	聚合物、蜡	快速成型、铸造模型
粘结剂喷射	3D Systems（美国） ExOne（美国） Voxeljet（德国）	聚合物、金属、铸造用砂	快速成型、压铸模具、直接部件
材料超充	Stratasys（美国） Bits from Bytes（美国） RepRap（美国）	聚合物	快速成型
粉末床融合	EOS（德国） 3D Systems（美国） Arcam（瑞典）	聚合物、金属	快速成型、直接部件
片层叠	3D Systems（美国） Envisiontec（德国）	纸、金属	快速成型、直接部件
定向粉末沉积	3D Systems（美国） Envisiontec（德国）	金属	修理、直接部件

表2-3 增材制造技术工作组或路线图

时间/年	工作组或路线图名称	支持机构
1997	快速原型技术	美国国家科学基金会、美国能源部、美国国防部先进研究项目局、美国海军研究办公室、美国商务部
1998	快速成型产业路线图	美国国家制造技术中心
2003	世界技术评估中心欧洲添加/减量制造研发工作组	美国国家科学基金会、美国国防部先进研究项目局、美国海军研究办公室、美国标准与技术研究院
2009	添加制造工作组路线图	美国国家科学基金会、美国海军研究办公室
2009	添加制造工作组	美军金属经济可承受性计划（Metals Affordability Initiative）
2010	金属组建直接数字化制造	美国海军研究办公室、美国海军航空系统司令部
2010	添加制造联盟启动会议	爱迪生焊接研究所
2011	直接部件制造工作组	材料与过程工程促进会（SAMPE）
2012	添加制造工作组	橡树岭国家实验室

4. 3D打印学术发展

国外有关快速制造、增材制造和3D打印研究的学术会议和专业刊物都已经出现。1991年，Dagton大学主办的"快速制造国际会议"（Int. Conf. on Rapid Prototyping）是最早的3D打印学术会议。1996年，美国SME协会的RPA分会主办的Int. Conf. on Rapid Prototyping and Manufacturing会议则侧重于快速成型技术的应用，同时进行商业展览，参加会议人数达610人。欧洲和日本也相应举办了快速制造、3D打印技术（Rapid Prototyping and Manufacturing）年会。快速制造、3D打印技术已成为许多国际会议的热点主题。已创刊的快速制造、3D 打印技术专业杂志有美国 CAD/CAM 杂志的每月新闻通讯 Rapid Prototyping Reports，美国 MCB 大学出版的 1995 年创刊的 Rapid Prototyping Journal 和美国 RPA 协会季刊 Rapid Prototyping。概括起来，这些会议和杂志涉及新的快速制造、3D 打印技术方法和工艺、新材料开发、快速模具制造、制件精度、软件及新应用等。

美国 3D 打印产业发展的经验

美国是当今世界能够制造高精尖装备的大国之一，也是现在 3D 打印技术的发源地。无论是在产业发展上，还是在技术上，目前美国都处于遥遥领先的地位。美国 3D 打印产业发展的成功经验具有如下几个方面：

1. 充分的市场竞争

当前，美国的 3D 打印技术工艺包括立体光刻、选择性激光烧结、三维打印及熔融沉积制造等，这些技术均掌握于美国企业。全球的 3D 打印市场竞争十分激烈，美国企业要想获得市场份额也必须通过市场竞争。也正是通过参与激烈的市场竞争，从而使美国诞生了 3D Systems 公司和 Stratasys 公司两大巨头。

2. 完善的配套产业

3D 打印产业的发展离不开配套产业的支撑，尤其是 3D 打印所需的 CAD 软件和打印材料。美国 3D 打印的配套产业非常发达，不仅能够提供 3D 打印机，而且基本上都能够为客户提供一体化的 3D 打印解决方案。美国的 CAD 软件产业以及热塑性塑料、金属粉末、陶瓷粉末等打印材料都比较发达，从而为美国的 3D 打印企业提供了有力的支撑。

3. 强大的政府资助

鉴于 3D 打印技术及其产业展现出对传统制造业的革命性突破，美国联邦政府对此给予了高度重视和大力的财政支持。2012 年 3 月，美国总统奥巴马批准，以 10 亿美元投资设立国家制造业创新网络（The National Network for Manufacturing Innovation，NNMI）。由 15 个不同地区的制造业创新研究所构成的国家制造业创新网络，采取"官产学"方式进行合作，以加强美国制造业的创新，提升美国在全球的竞争力。NNMI 首当其冲纳入考虑的范畴即是增材制造，2012 年 8 月，美国建立国家增材制造创新研究院（National Additive Manufacturing Innovation Institute，NAMII）。美国俄亥俄州的扬斯敦商业孵化器是首个获得 NAMII 资格的机构，国家航空和航天局、国防部、商务部、能源部和国家科学基金会五家联邦机构总共投入 300 万美元，西弗吉尼亚州、宾夕法尼亚州和俄亥俄州政府及工业界配套投入 400 万美元。西弗吉尼亚州、宾夕法尼亚州和俄亥俄州技术带总共有 32000 家制造业企业，是全美的第三大制造业中心（仅次于德克萨斯州和加利弗尼亚州），这些企业都在扬斯敦商业孵化器的辐射范围之内。

4. 协会的长期推动

全美制造工程师学会（The Society of Manufacturing Engineers，SME）在很大程度上推动了美国 3D 打印技术的应用和产业化。该学会作为全球 3D 打印技术的年度盛会 RAPID 的组织者，快速技术和增材制造（Rapid Technologic and Additive Manufacturing，RTAM）团体就是由其在 20 世纪 80 年代中期开始建立，并由该团体积极推动 3D 打印技术的应用和产业化。

5. 健全的技术标准

基于美国测试和材料协会（American Society for Testing and Material，ASTM）的基础，ASTM International 逐步发展起来，成为全球自愿达成的工业标准的主要制定者。2009 年，ASTM International 设立一个委员会，被称为 F42

委员会，TC261 是其在国际标准组织 150 的对应机构，目的是专门负责增材制造技术。2011 年，ASTM 和 150 签署合作协议，将共同推动 3D 打印技术的国际标准工作。近两年来，在双方的合作下，3D 打印的技术标准得到不断完善，成为推动 3D 打印技术应用和产业化规范发展的重要推动力量。

6. 发达的金融支撑

强大的风险投资基金和发达的金融支持是美国创新的重要组成部分，也是推动 3D 打印产业不断发展和壮大的重要原因。3D 打印产业的形成和发展都得到了美国风险投资基金的支持，一是在 Stratasys 成立伊始，创始人通过向风险资本出售 35% 的公司股权，获得了 120 万美元的风险投资，对企业发展发挥了重要的推动作用；二是 2011 年 3D Systems 购买了一家公司的全部股权，并斥资 1.37 亿美元收购另外一家公司，2013 年又收购了 3D 模型设计公司的软件企业。

7. 强大的市场需求

3D 打印设备是当前 3D 打印技术中一种常见的终端应用产品，融合了许多高精尖技术。初期在生产规模比较小的时候，单个打印设备的价格比较高，市场需求也比较小，除了少部分打印机用于科学研究、科普展览等领域外，大多数的买家主要是一些大型制造企业。如 Stratasys 公司在刚成立时，由于找不到适合的市场，于是专门为通用汽车、3M、Prat & whitney 等大客户量身定做了 3D 打印设备，使得企业才开始有了起步的动力，并由此开辟了 3D 打印设备的市场。可见，大型制造企业的强大市场需求是美国 3D 打印设备能够实现产业化的重要推动力。

8. 整合的技术路线

3D 打印设备要能够正常的工作，需要许多与之相配套的产业，这就需要及时对相关的技术和产业进行整合，从而不断提高 3D 打印设备的技术水平和功能。比如美国，在开发 3D 打印技术的过程中，既有专业的 3D 打印技术企业如 Stratasys 和 3D Systems，也有一大批掌握了这项技术的大型制造企业。在这种情况下，就需要通过购买股权等方式对不同的技术路线进行有效的整合。Stratasys 和 3D Systems 公司就是通过不断的整合，从而实现公司的发展壮大。

中国 3D 打印的发展历程

1. 艰难起步

3D 打印技术在中国兴起于上个世纪八九十年代，此时，也正是美国和日本 3D 打印产业真正成规模发展的时期。1988 年 10 月，被认为是中国快速成形技术的先驱人物之一的清华大学颜永年教授，结束在美国加州大学洛杉矶分校访问之后，回到国内，开始专攻 3D 打印。他建立了清华大学激光快速成形中心，并多次邀请美国学者来华讲学。颜永年希望能从美国引进设备进行研究，但设备太贵，颜永年不得已找到美国 3D Systems 的代理商——香港殷发公司寻求合作。双方达成协议，设备由香港殷发公司提供，人员和场地等由清华大学提供，成立了国内第一家 3D 打印公司——北京殷华快速成型模具技术有限公司。

被视为国内 3D 打印业另一先驱人物的西安交通大学教授、中国工程院卢秉恒院士，在 1992 年赴美做高级访问学者时发现快速成形技术在汽车制造业中的应用，回国后随即转向这一领域。1994 年，西安交通大学成立了先进制造技术研究所，从做软件开发起步，进而试制紫外激光器、材料开发，最终研制出一台具有基本功能的样机。1995 年 9 月 18 日，在国家科委论证会上，卢秉恒的样机获得了很高的评价，同时也争取到了"九五"国家重点科技攻关项目 250 万元的资助。1997 年国内第一台光固化快速成型机由卢秉恒团队销售出。从此，依托西安交通大学的陕西恒通智能机器有限公司成为国内供应 SLA 光固化工业型成型机的第一家企业。

同期，华中科技大学的王运赣教授在美国参观访问中，接触到了刚问世不久的快速成型机。最初，王运赣想从最早出现的基于光敏树脂原料的光固化立体成型技术做起。然而，该实验的成本太高。一方面是液态光敏树脂材料价格太高，国际市场价格大约是每公斤 2000 元人民币，做一次实验至少要 6000 元以上。另一方面是快速成型设备也很贵，仅机器上的一个激光器就要 3 万美元。在时任校长、已故著名机械制造专家黄树槐的主持下，快速制造中心在华中科技大学成立，转攻基于纸原料的分层实体制造技术（LOM）。1994 年，国内第一台基于薄材纸的 LOM 样机由快速制造中心研制出，1995 年在北京机床博览会上引发巨大反响。LOM 技术制作冲模，大大缩短生产周期，相比传统方法，节省了大约二分之一的成本。在此阶段，光固化技术、分层实体制造等技术蹒跚起步，在打印产品模型和铸造用蜡模等领域开始使用，但尚未直接制作出功能零件。

2. 直接制造

1995 年，西北工业大学教授黄卫东在学生做激光熔覆实验上得到启发，提出了一个新想法：结合 3D 打印技术和同步送粉激光熔覆，形成一种新技术；这种技术能够用于直接制造致密金属零件，可以承载高强度力学的载荷，适合用于生产飞机发动机零件。1997 年，航空科学基金首次设立重点项目，在评审组长左铁钏的支持下，黄卫东团队的"金属粉材激光熔凝的显微组织与力学性能研究"项目，顺利得到通过。

同年，国家自然科学基金对黄卫东的激光定向凝固研究项目也进行了资助。2000 年以后，对于激光立体成型的立项，国家自然科学基金、

863 计划、973 计划等也开始支持。这个研究成果，很快应用在新型航空发动机的研制中。2001 年，关于激光立体成型的源头创新，黄卫东团队申请了中国的第一批专利。到目前，已获 12 项激光立体成形的材料、工艺和装备等相关的国家发明和实用新型专利。

对于这方面的研究工作，基于快速自由精确成型和高强度控制的目标，并以同步实现这两个目标为总体思路，北京有色金属研究总院、华中科技大学、清华大学、北京工业大学和北京航空航天大学等先后开始展开。1998 年，华中科技大学快速制造中心引进了选择性激光烧结技术和选择性激光熔化技术，这两项技术由史玉升专门负责。目前这是能够直接得到金属件最成功的方法，具有典型的代表性的就是美国 3D Systems 公司采用的粉末烧结技术——金属粉末和有机黏结剂相混合。史玉升使用聚苯乙烯粒料替代尼龙粉末作为激光烧结材料，从而解决了研发激光烧结设备及其合适的粉末材料的课题，并于 1999 年造出了第一个产品——计算机鼠标外壳。2010 年，史玉升研制出工业级的 1.2 米 ×1.2 米快速制造装备，超越了美国 3D Systems 公司和德国 EOS 公司的同类产品，成为全球该类装备的最大工作面。如今，1.4 米 ×1.4 米工作面的快速制造装备正在研制中，以满足重要行业整体快速制造大型复杂制件的要求。

另外，基于航空发动机和大型飞机等国家重大战略需求的考虑，对于相关关键构件激光成型工艺、成套装备和应用关键技术，北京航空航天大学教授王华明团队在国际上实现了首次的全面突破，使得中国成为目前全球唯一掌握大型整体钛合金关键构件激光成型技术、并对装机工程成功实现应用的国家。

1998 年，清华大学的颜永年又将生命科学领域引入快速成形技术，"生物制造工程"学科概念和框架体系即是由其提出的。2001 年生物材料快速成型机被研制出，这为制造科学提出了一个新的发展方向。之后，生物制造被西北工业大学、华中科技大学等多家单位看成重要的方向。2001 年，西安交通大学与第四军医大学合作完成了世界首例人类下颌骨 3D 打印修复手术。

3. 产业化难题

相对于科研的艰难推进，3D 打印技术在中国的商业推广更为艰难。华中科技大学教授史玉升最开始推广 3D 打印技术时曾被当作"骗子"。后来，经过多次参加各种交流会，史玉升的团队派教师、博士后和研究生到生产现场，寻求与企业通力合作，努力与企业里的技术人员一起攻关，使得这项成果逐步获得企业的认可。到 2011 年，史玉升团队的 3D 打印设备才被更多企业接纳，尤其是被欧洲空客公司等单位选中，联合承担了欧盟框架下的七个项目，为欧洲航天局和空客等单位，制作卫星、飞机、航空发动机用大型复杂钛合金零部件的铸造蜡模。但是，2011 年中国装机量仅占全球 9% 的份额。虽然中国的 3D 打印技术在某些领域已经领先全球，但商业化滞后、规模较小，尚未形成产业链。

3D 打印技术解密

3D 打印的学术名称是增材制造（Additive Manufacturing，AM），或者快速成型技术（RP Rapid Prototyping）。考虑到本节主要介绍技术，后续文字将主要采用学术名称。现有的制造技术主要包括四种，分别是：受压成型、减材成型、生长成型和增材制造。受压成型，是指基于材料的可塑性原理，通过模具控型转换材料形态，使其变为某种零件或者产品，例如粉末冶金、铸造和锻压等。减材成型，是指利用电化学或者刀具等办法，剔除毛胚材料中不需要的部分，则剩下的部分就是想要加工的产品或者零件，如车、磨、铣、刨、激光切割和电火花等。生长成型，指的是利用各种材料的活性，成型为需要的产品或者零件，比如动植物的个体发育等。增材制造，是指通过化学、物理、机械等方法，有序添加材料，从而像搭积木一样，使其堆积成型。

增材制造技术，可以迅速、精确地制造零件或者产品，却不使用传统的加工方法或者加工设备，从而能够有效减少研发周期，降低开发成本，提高产品质量。它改变了过去的流水线生产模式，降低了企业对劳动力和生产空间的依赖，对零件或产品的加工模型产生革命性的影响。下文将逐一介绍增材制造技术的原理、典型技术并进行比较分析。

3D打印的技术原理

1. 增材制造技术的原理和分类

（1）增材制造技术原理

增材制造技术由CAD数据模型驱动，从而快速制造出各种形状的三维实体。该技术集成了机械工程技术、激光技术、数控技术、材料科学和计算机技术等，将三维几何CAD模型分层离散化，采用粘结、烧结或熔融等特殊加工技术，逐层堆积材料，从而形成各种实体零件或者产品。

该技术的成型过程是：①通过计算机绘图软件设计数字模型。②对模型进行分层切割，得到每一层的二维轮廓。③对每一层的二维轮廓进行处理，形成二维平面轮廓形状。这里涉及的技术有很多，例如：采用激光束，固化每一层的液态光敏树脂，烧结每一层的粉末材料，或者用喷射源处理每一层的热溶性或者粘结剂等材料。④将所有层叠加在一起，最终得到三维实体。

（2）增材制造成型材料

快速成型技术的研发基础是成型材料。成型材料一方面影响成型速度，形状精度，另一方面还影响着成型实体的应用领域和设备选用。可以说，成型材料既推动成型技术的发展，又制约着成型技术的研究。在各种成型技术涌现的背后，其实质是成型材料的不断被发现。

成型材料按照技术目标来分，主要分为模具型、功能测试型、概念型等。模具型指的是成型材料可以使用具体的模型进行制造。以消失模铸造用到的原型材料为例，其要求加工成型之后，能够便捷地取出零件之外的废弃部分。功能测试型，要求成型材料具有一定的刚度、强度、抗腐蚀性、耐热性等。当用于装配测试时，还要求成型材料具有更高的精度。概念型对成型材料的主要要求是，成型速度快，但对物理、化学、精度等要求并不高。以光固化树脂材料为例，其要求具有粘度较低、穿透深度较大、临界曝光功率较低等特点。表 2-4 列出了一些常用的成型材料。

表 2-4 增材制造常用成型材料

材料形态	液态	固态		膜态	固态丝材
		非金属	金属		
材料种类	丙烯酸基光固化树脂环氧基光固化树脂导电液净水	蜡粉树脂砾塑料粉覆膜陶瓷粉	钢粉覆膜钢粉钢合金粉铜合金粉	覆膜纸覆膜塑料覆膜陶瓷箔覆膜金属箔	蜡丝塑料丝

（3）增材制造基本工艺步骤

增材制造的基本工艺流程如图 2-6 所示，主要包括四个步骤，分别是 CAD 模型的建立、前处理、原型制作以及后处理。

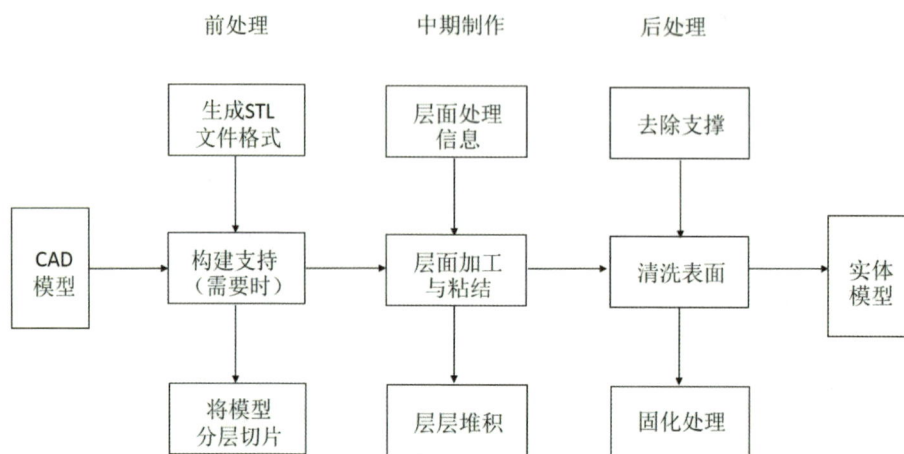

前处理　　　　　　中期制作　　　　　　后处理

生成STL
文件格式　　　　　　层面处理
信息　　　　　　去除支撑

CAD
模型　→　构建支持
（需要时）　→　层面加工
与粘结　→　清洗表面　→　实体
模型

将模型
分层切片　　　　　　层层堆积　　　　　　固化处理

图 2-6 增材制造基本工艺流程

　　CAD 模型的建立：三维 CAD 数据模型直接驱动着增材制造系统，因此，增材制造工艺的第一个流程应该是设计产品的三维 CAD 数据模型。现在常用的建模方法有两大类。第一类是正向建模法，用三维设计软件直接构建，比如用 UG、Solidworks、I-DEAS、Pro/E 等。第二类是用逆向建模法，首先用激光或者 CT 断层扫描已有的三维实体，获取三维点云数据，再用具有逆向工程功能的一些软件，构造出三维实体的三维数据模型。目前各软件广泛接受的数据文件格式为 STL，因此，首先要用大量的小三角形平面，逼近原实体模型，对原三维数据模型进行近似处理。

　　前处理：选择适宜的成型方向，沿着成型高度的方向，用一系列间隔相同的平面切割三维模型，从而得到切割层的二维轮廓信息。常用的间隔高度为 0.05–0.5mm，现有技术得到的最小间隔高度为 0.016mm。间隔高度和成型精度、成型时间、成型效率等有直接关系。越小的间隔高度，代表了越高的成型精度和越长的成型时间，以及越低的成型效率。

原型制作：采用成型头，在计算机的控制下，按照各层截面的轮廓信息，进行二维扫面运动，将各层材料进行堆积和粘结，得到最终的三维实体。成型头可以采用激光头或者喷头等。

后处理：后处理的目的包括提高产品强度、降低产品表面粗糙度等，其工艺包括修补、打磨、后固化、剥离、抛光及涂刮等。

（4）增材制造技术的分类

增材制造技术涉及当今很多高科技，比如材料技术、激光加工技术、数控加工技术、计算机辅助设计与制造等。伴随着各种技术的飞速发展，从1986年增材制造技术的诞生到现在，已经涌现了三十余种增材制造加工方法，未来可能还会有更多的加工方法陆续出现。增材制造技术的分类有很多标准，如按照成型技术的能源，可分为激光和非激光加工两种方法；如按照成型材料的形态，可分为金属、非金属粉末、丝材、液态和薄材这五种。

按成型材料的形态、特征和性能分类：

①液态聚合固化技术：原材料为液态聚合物，固化方式为采用光能、热能等。

②烧结与粘结技术：原材料为固态粉末物，通过激光烧结或者粘结剂粘结等方式形成实体。

③丝材、线材融化粘结技术：原材料为丝材或线材，粘结技术是升温熔融，按照事先制定好的路线将各层堆积起来，形成三维实体。

④板材层合技术：原材料是固态板材或膜，通过塑料膜光聚合作用将各个薄层进行粘结，或者直接粘结。

按加工制造原理分类：

①光固化成型技术（Stereo Lithography Apparatus，SLA）：原材料为

光敏树脂。通过计算机的控制，紫外激光束逐点扫描各分层截面轮廓的轨迹，使得被扫描区内的树脂薄层因为发生光聚合反应而固化，成为薄层截面。完成一个薄层的固化后，工作台再向下一个薄层移动，通过循环扫描和固化，在新固化的树脂表面，又粘结了一层新的树脂表面。各层堆积在一起后，整个产品原型就形成了。

②分层实体成型技术（Laminated Object Manufacturing，LOM）：依据二维分层模型的数据结果，采用激光束将成型材料按照产品模型的内部和外部轮廓进行切割，并同时进行加热，使得刚刚完成切割的薄层和其下方已经被切割的薄层粘结起来。不断循环如此，最终形成三维产品原型。

③熔融沉积成型技术（Fused Deposition Modeling，FDM）：通过热熔喷头，按照模型分层数据的控制路径，从喷头挤出熔融状态的 ABS 丝，在特定的位置进行沉积、凝固、成型。通过层层的沉积和凝固，最终得到整个三维产品。

④选择性激光烧结技术（Selected Laser Sintering，SLS）：首先由计算机对产品模型进行分层并输出分层的轮廓，再按照指定的路径，采用激光束对工作台上选择区域内已经均匀铺层的材料粉末进行扫描和熔融，致使粉末材料形成烧结层，待各个层都进行烧结后，去除掉剩余粉末，得到产品原型。

⑤三维打印技术(Three Dimensions Printing ,3DP):和喷墨打印机相似，三维打印技术首先在工作台上铺上粉末，根据特定的路径，采用喷头在分层制定区域喷涂液态粘结剂，当粘结剂固化以后，剔除多余的材料就可以得到三维产品原型。

2.光固化成型（SLA）技术

SLA 技术是目前应用比较广泛的一种增材制造技术，其发展已经比较成熟。模型的厚度范围是 0.05~0.15mm，其成型的产品精度高，尺寸精度高达 0.2%。SLA 技术最初由美国专家 Charles.W.Hull 提出，在 1984 年申请到了美国专利，两年后，他成立 3D Systems 公司，再过两年后，该公司研发了世界上首台商用的 3D 打印机，其名称为 SLA-250。

（1）技术原理

该工艺的原材料是光敏树脂，通过计算机的控制，采用紫外激光扫描液态光敏树脂，并使其逐层凝固，最终成型。SLA 工艺过程简洁、且全程自动化，制造出的模型精度非常高。图 2-7 为 SLA 技术的基本原理。

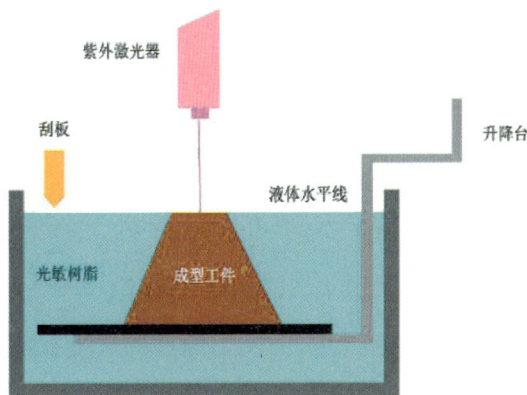

图 2-7　SLA 立体光固化成型工艺

具体流程为：

第一步，将液态的光敏树脂盛满于液槽中，利用氩离子激光器或氦—镉激光器，将其发射出的紫外激光束，按照计算机的指令，根据三维实体分层截面后的二维数据，逐行逐点进行扫描，使得扫描区域的树脂薄层发生聚合反应，并固化为一个薄层。

第二步，完成一个薄层的固化后，工作台根据层厚移动到下一个薄层，在上一次固化好的树脂薄层上再叠加一个新的树脂薄层，用刮板刮平粘度较大的树脂液面，并对本层进行固化。由于液态树脂具有较高的粘性，使得其流动性不强，因此每个薄层固化以后的液面抚平需要的时间较长，影响了三维实体的成型精度。采用刮板刮平这一个环节，使得液态树脂均匀涂在叠层上，提高了成型精度和表面光滑度。

第三步，每个新固化的薄层，都将粘合在前一个薄层上。如此循环，直到所有叠层粘合完毕，最终得到完整的三维实体模型。

最后，当初步完成成型后，取出工件，清理掉多余的树脂和支撑结构，并采用紫外灯对工件进行二次固化。

（2）技术特点

SLA 技术的主要优点有：①尺寸精度高，可以达到 0.1mm 以内，甚至 0.05mm。②表面质量较好，尽管有时在固化阶段薄层的侧面或者曲面可能产生台阶，但是最终得到的实体模型的表面仍然类似玻璃状。③系统分辨率高，可以构建具有复杂结构的各种工件。④可以制作具有空中结构的消失模，该消失模可以用于熔模的精密铸造。

SLA 技术的主要缺点有：①成型模件的尺寸稳定性不高，其原因是成型期间会有一些物理或者化学的变化，使得成型模件的硬度较低，薄弱部位甚至产生变形，严重影响了尺寸精度。②还需要具备支撑结构，在成型模件没有完全固化以前，需要手工取出支撑结构，这很容易造成对表面精度的损坏。③设备运营成本高，由于需要定期对激光器等元件进行维护和校对，且激光器和液态树脂材料的价格也比较高，因此设备运营成本高。④能够使用的材料种类不多，当前使用的材料主要是感光性液态树脂，因此，SLA 模件在多数情况下不能够进行热量、抗力等测试。⑤液态树脂材料有毒性，有气味，因此需要将其放在避光位置，避免聚合反应提前发生。⑥需要对成型制件进行二次固化，通常情况下，SLA 成型制件还需要二次固化，这是因为首次固化后的树脂制件并没有被激光完全固化。⑦不方便对 SLA 成型模件进行机械加工，由于液态树脂材料较脆，并且容易断裂，因此难以对其进行机械加工。

（3）技术现状

SLA 技术主要用于小型和中型制件的加工，可以直接得到与塑料类似的产品。当前，该技术现状主要存在以下问题：①费用。费用昂贵是 SLA 技术的最大问题，严重限制了技术的广泛应用。在国外，一套 SLA 成型设备的价格约为 30 万 ~80 万美元。同时，氪离子激光器、氦 - 镉激光器的价格约为 2 万 ~4 万美元。设备的运行费用最低为每小时 200 美元。所以，降低 SLA 技术设备的成本，是当前最紧迫的问题。②材料。湿气的侵蚀使得 SLA 制件很容易产生膨胀，并且抗腐蚀能力也有限。③工艺原理与数据处理。SLA 增材制造技术的关键是三维 CAD 数据模型。改进 CAD 系统的数据分析和造型性能，是提高制模精度的重点问题。SLA 成型技术的原型文件为 STL 文件，该文件的三维 CAD 模型表面用很多小三角形来近似处理，很容易造成数据丢失现象，应该深入研究如何优化 STL 模型分层，使得模型的截面轮廓更加精确。另外，设计精确、合理的支撑结构，也能够改善制模精度。

（4）技术应用

SLA 技术的应用范围体现在艺术、生物医学、航空航天、大众消费、工业制造等方面，用于实现高精度、高复杂度结构零件的快速制造，其精度能够达到 ±0.05mm，基本接近传统的模具水平，但是比机械加工的精度略低。图 2-8 为西安交通大学的光固化成型设备和利用该技术打印的建筑模型。

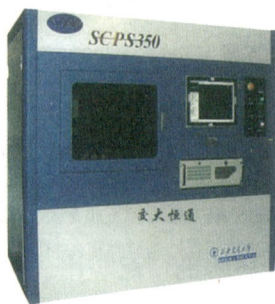

光固化成形装备（西安交通大学）　　　光固化成形的建筑模型

图 2-8 SLA 技术举例

3. 分层实体成型（LOM）技术

1991 年，分层实体成型工艺技术问世。其使用材料主要是廉价且具有高成型精度的纸材、PVC 薄膜等，因此被广泛关注。该技术在熔模铸造、造型设计评估、产品概念设计可视化、装配检验等领域被广泛应用。

（1）技术原理

如图 2-9 所示，分层实体成型系统主要由原材料存储与运送部件、计算机、激光切系统、可升降工作台、热粘压部件等组成。

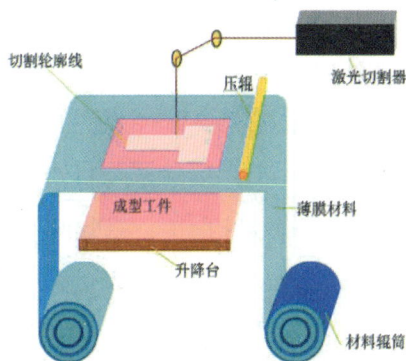

图 2-9　LOM 分层实体成型工艺

原材料存储与运送部件主要用来把底部涂有粘合剂的原材料输送到工作台的上方。计算机主要用来接收并且存储来自沿着成型工件的高度方向提取的很多个截面轮廓组成的三维模型数据。激光切割器对薄膜进行切割。升降工作台可以支撑成型之后的工件，在每层成型之后，可升降工作台将其降低一个材料厚度，这样就可以接受新一层的材料。热粘压部件把各层成型区域的薄膜进行粘合，不断重复以上步骤，最终完成工件的成型。

（2）技术特点

该技术的优点比较明显：首先是制件精度高，在薄型材料的切割成型中，纸材一直都是固态，仅有一层薄薄的胶从固态变化为熔融态。所以，LOM 制件没有内应力，而且翘曲变形小。在 X 方向和 Y 方向的精度是 0.1-0.2mm，在 Z 方向的精度是 0.2-0.3mm。其次是制件硬度高，力学性能良好，该技术的制件可以进行多种切削加工，并承受高达 200 度的温度。第三是成型速度较快，该技术不需要对整个断面进行扫描，而是沿着工件的轮廓由激光束进行切割，使得其具有较快的成型速度，因此可以用于结构复杂度较低的大型零件的加工。第四是支撑结构不需要额外设计和加工。第五是成型过程中的废料、余料很容易去掉。第六是不需要进行后固化处理。

该技术的主要缺点有：第一，材料利用率低，无用的空间均成为废料，丧失了增材制造的最大优越性；第二，制件原型的抗拉强度和弹性都比较差，且无法直接制作塑料原型；第三，需要对制件原型进行防潮后处理，这是因为其原材料为纸材，在潮湿环境下容易膨胀，所以可以考虑用树脂对制件进行喷涂，防止制件遇潮膨胀；第四，制件原型还需要进行一些后处理，该技术制作出的原型具有像台阶一样的纹路，因此只能制作一些结构比较简单的零件，如果需要用该技术制作复杂的造型，那么需要在成型后，对制件的表面进行打磨、抛光等。

（3）技术现状

当前，从事该项技术研究的主要单位包括清华大学、华中科技大学、汉能清源（Hinergy）公司等。清华大学的 SSM 系列成型设备，与国产 $CO2$ 激光器配合，加工的制件具有较高的精度。华中科技大学的 HBP–Ⅲ、AHRP–ⅡB 等产品具有不错的性价比，其叠层的厚度是 0.08–0.15mm，HBP–Ⅲ 的成型空间是 600mm×400mm×500mm，AHRP–ⅡB 的成型空间是 450mm×350mm×350mm。Helisys 公司不仅具有纸材设备，还拥有处理复合材料和塑料的设备，其纸材设备包括 LPH、LPS 和 LPF 三个系列。

（4）技术应用

该技术的主要原型材料是纸材，同时还可以处理陶瓷片、金属和塑料薄膜等。其制作出的复杂结构可以验证新产品的外形，或者与图层结合在一起，制作快速模具。其制作出的纸质模具，和木模的性能比较接近，经过表面处理以后，精度可以达到 ±0.5mm，甚至接近精密铸造的水平，比一般的模具工艺和机加工的精度要低，可以用于砂型铸造。图 2-10 为华中科技大学利用分层实体成型技术打印的复杂零件。

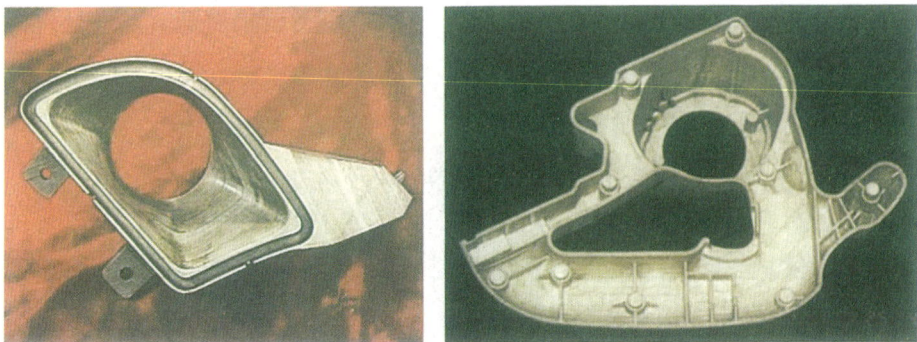

图 2-10　分层实体成型技术打印的复杂零件（华中科技大学）

4、熔融沉积成型（FDM）技术

在 SLA 和 LOM 工艺之后，于 1988 年诞生的熔融沉积成型工艺成为第三种增材制造技术。这项技术是由 Scott Crump 发明的，他随后就创建了 Stratasys 公司，并于 1992 年推出了"3D 造型者（3D Modeler）"——全球首台基于熔融沉积成型工艺的 3D 打印机。由此，FDM 技术开始进入商业化的阶段。FDM 技术的成型材料价格低廉、且不需要激光系统，因此性价比较高，成为多数开源桌面 3D 打印机采用的主要技术方案。

在我国，清华大学和北京大学等高校、北京殷华公司和中科院广州电子技术有限公司等企业，都率先引进并研究 FDM 技术。

（1）技术原理

　　熔融沉积还可以被命名为熔丝沉积。其原材料为丝状的热熔性材料，采用喷嘴微细的挤出机沿着 X 轴挤出材料，工作台沿着 Y 轴和 Z 轴移动，当熔融的丝材被挤出来以后，就会和上一层的材料粘结起来。在一层材料沉积之后，工作台会按照预先设定好的增量值，下降一个层厚，不断重复以上步骤，由此完成制件的成型。图 2-11 为 FDM 的详细技术原理。

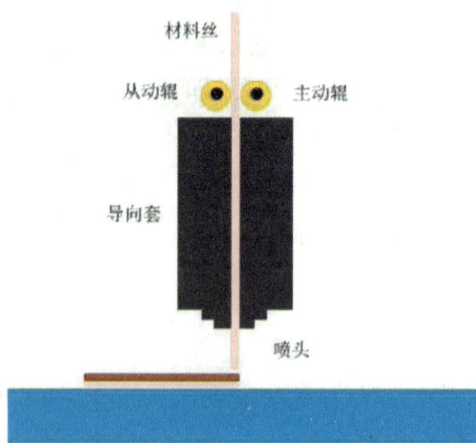

图 2-11　FDM 熔丝堆积成型工艺

　　热熔性丝材的主要材料是 PLA 或 ABS 材料，先把材料缠绕在供料辊的上面，再由步进电机来驱动辊子，在主动辊和从动辊制件的摩擦力下，丝材从挤出机的喷头被送出。同时，在喷头和供料辊制件之外，还有一个由低摩擦力制成的导向套，使得丝材可以成功到达喷头内腔。

　　在喷头的上方，还有电阻丝式加热器，将丝材加热到熔融状态之后，再从挤出机挤压到工作台，等冷却之后，形成制模工件的截面轮廓。

　　当工件原型具有悬空结构时，需要支撑结构作为支撑。为提高工作效率，降低成本，新开发的 FDM 设备，拥有两个喷头，分别负责挤出支撑材料和成型材料。

（2）技术特点

FDM 技术的优点是：①成型材料广泛。FDM 技术所用材料多种多样，主要有 ABS、石蜡、人造橡胶、铸蜡和聚酯热塑性塑料等低熔点材料，以及低熔点金属、陶瓷等丝材，可用于直接制作金属或其他材料的模型制件或制造 ABS 塑料、蜡、尼龙等零部件。②成本相对较低。由于 FDM 技术的熔融加热装置代替了激光器，因此相比其他使用激光器的快速成型技术，其制作费用大大降低。此外，原材料的利用率较高且无污染，成型过程无化学变化，使其成型成本大大降低。③后处理简单，支撑结构容易剥离，特别是模型制件的翘曲变形较小，原型经简单的支撑剥离后即可使用。

该技术的主要缺点是：①只能制作小型或中型的模型制件，并且制件的表面具有明显的条纹。②纵向强度较低，这是因为丝束在一层一层铺覆时处于熔融状态，导致截面轮廓的粘结力较低。③成型速度较慢，由于需要扫描和铺覆整个轮廓截面，同时还需要设计和制作支撑结构，导致需要较长的成型时间。为此，可以设计出双喷头设备，同时铺覆成型材料和支撑材料，或者增加层厚。

（3）技术现状

FDM 技术的一个研究重点是材料性能，这几年研制出来的 PPSF、PC/ABS、PC 等材料，具有良好的强度，甚至超过普通塑料零件的强度，被用于一些特定场所的零件试用、维修、替换等。近年金属材料已经成为 FDM 技术原型材料的一个新的研究领域，被很多公司所重视。图 2-12 为清华大学采用熔融沉积成型技术打印的塑料零件。

图 2-12 熔融沉积成型技术打印的塑料零件（清华大学）

（4）技术应用

该技术有较高的强度，精度约为 0.13mm，可以制作成型的塑料零件，可用于教学、动漫、医学、建筑、仿古、工艺品、汽车等领域，也可以用于产品的设计、评估等多个环节。国内的 FDM 技术研发及制造风起云涌，已经有企业从事此项技术的研发与制造。这种情况虽然有利于该项技术的普及使用，但是也有过度竞争、重复投资的趋势和苗头。

5、选择性激光烧结成型（SLS）技术

1989 年，美国德克萨斯大学奥斯汀分校的 C.R.Dechard 提出选择性激光烧结工艺（SLS, Selective Laser Sintering），他之后创建了 DTM 公司。1992 年，该公司发布了 Sinterstation——一台基于 SLS 技术的商用 3D 打印机。DTM 公司在 SLS 的研究领域投入大量精力，在材料开发、制作工艺、设备研制等方面都有出色的成果。德国 EOS 公司也开展 SLS 工艺的研究，已经推出一系列 SLS 技术的快速成型设备，并在 2012 年举办的欧洲模具展上吸引了众人的眼球。在中国，华中科技大学、中北大学、南京航空航天大学、北京隆源自动成型有限公司、武汉滨湖机电产业有限公司、湖南华曙高科等单位均对 SLS 工艺展开研究。

（1）技术原理

该工艺使用粉末状材料，在计算机的控制下，激光器扫描粉末，实现材料的烧结和粘合，从而使得多层材料堆积成型。如图 2-13 所示为 SLS 的成型原理。

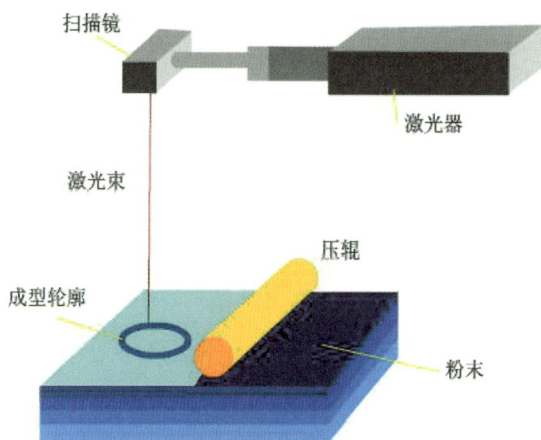

图 2-13 SLS 选择性激光烧结成型工艺

　　该技术的工艺过程是，首先用压辊把粉末平铺到工件的表面，使用数控系统来控制激光束，沿着截面的轮廓，在薄层上扫描和照射，直到粉末融化、烧结和粘合。完成一层截面烧结之后，工作台下降一个层的厚度，重新开始新一轮的循环，直到工件完全成型。

　　（2）技术特点

　　SLS技术的优点是：①原材料种类多，包括聚碳酸酯、石蜡、纤细尼龙、尼龙、陶瓷、合成尼龙、金属等。只要粉末材料在加热时的粘度较低，就都可以作为SLS技术的原材料。SLS技术制造出的产品或者模型可以满足多种需求。和其他的技术相比，SLS技术可以制做金属原型或者模具，因此具有广阔的应用前景。②工艺简单。由于该技术可以选用粉末材料作为原材料，通过激光烧结，能够快速生产出具有复杂结构的产品原型或者模具，因此在工业产品的设计中应用比较广泛。③精度较高。精度受到粉末材料的种类、粉末颗粒的大小、模型的几何结构等影响。一般而言，其精度可以达到0.05mm~2.5mm之间。④不需要支撑结构。在层层叠加的过程中，没有烧制的粉末可以支撑悬空层面。⑤材料利用率高。SLS技术的材料利用率可以接近100%，这是因为其不需要支撑结构，也不需要基底支撑，而且粉末材料价格较低，所以制模成本低。⑥变形小。SLS技术制作出的工件翘曲变形较小，甚至不需要校正原型。

　　SLS技术的缺点是：①工作时间长。在加工之前，需要大约2小时，把粉末材料加热到粘结熔点的附近，在加工之后，需要大约5~10小时，等到工件冷却之后，才能从粉末缸里面取出原型制件。②后处理较复杂。SLS技术原型制件在加工过程中，是通过加热并融化粉末材料，实现逐层的粘结，因此制件的表面呈现出颗粒状，需要进行一定的后处理。③烧结过程会产生异味。高分子粉末材料在加热、融化等过程中，一般都会发出异味。④设备价格较高。为了保障工艺过程的安全性，在加工室里面充满了氮气，所以提高了设备成本。

（3）技术现状

当前，国际上的主流研究机构有：3D Systems 公司、EOS 公司、DTM 公司等，国内的主要研究机构有南京航空航天大学、华北工学院、华中科技大学和北京隆源公司等。

3D Systems 公司的 Sinterstation HiQ 设备，采用智能方法控制温度，缩短了后处理的时间，提高了制件的质量以及材料利用率。DTM 公司是 SLS 技术原型材料的主要研发公司，每年都能推出很多新型粉末材料，使得制件具有更高的精度和表面光滑度。华中科技大学推出的 HRPS－Ⅲ型成型机可以用于高分子粉末成型、HRPS－Ⅰ型设备可以铸造中砂型，最近又推出一些新的机型，特点是拥有双送料桶，缩短了烧结时间。

（4）技术应用

材料的多样性使得 SLS 工艺能够制作多种零件，可以满足多种用途。例如：制作具有复杂结构的陶瓷零件，可以当成功能零件来使用；制作结构复杂的铸造用砂型或者熔模，可以辅助快速制造复杂的铸件；制作塑料的手机外壳，能够直接作为零件来使用，也可以用来验证结构或者进行功能测试。制件的精度可以达到 ±0.1mm，接近精密铸造的工艺水平，比模具和机加工的精度要低一些。图 2-14 为华中科技大学采用激光选区烧结成型技术打印的复杂零件。

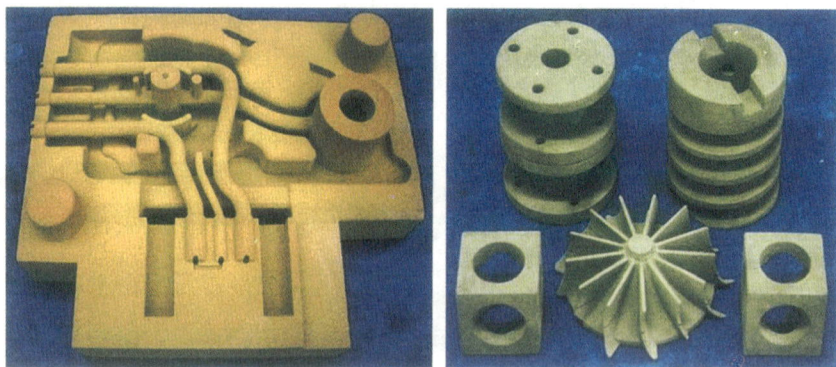

图 2-14　激光选区烧结的复杂零件（华中科技大学）

6. 三维打印成型（3DP）技术

1993 年，美国麻省理工大学的 Emanual Sachs 教授发明了三维印刷工艺（3DP）。该技术的工作原理和喷墨打印机的比较接近，与 SLS 工艺也比较相似，都是采用塑料、金属、陶瓷等粉末状材料。独特之处在于，3DP 在处理粉末材料时，没有采用激光烧结的粘合方式，而是采用喷头喷射粘合剂，将工件的截面打印出来，再把一层层薄层堆积成型。如图 2-15 所示为 3DP 的技术原理。

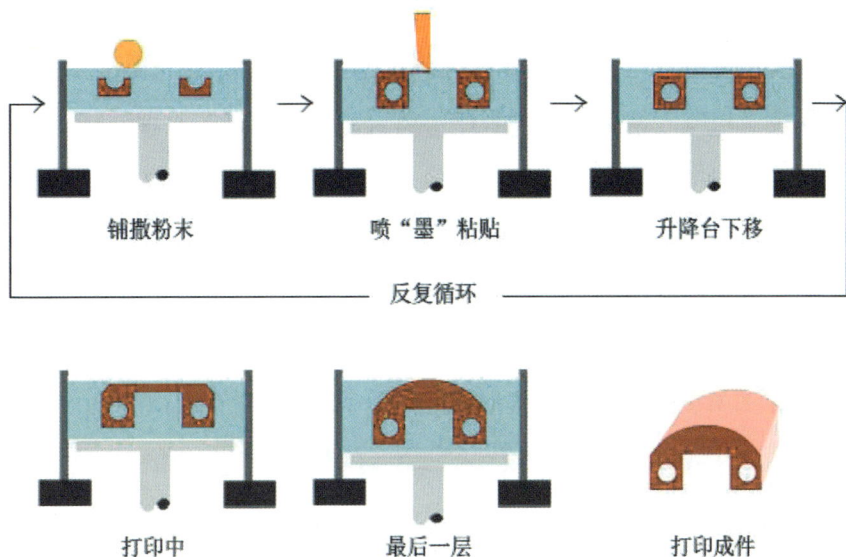

图 2-15 三维打印成型工艺

（1）技术原理

在工作槽中，设备铺平粉末，按照指定的路径，喷头在指定区域中喷射液态粘合剂，不断循环以上步骤，直到工件成型，再去除多余的粉末材料。该技术具有非常快的成型速度，可以制造具有复杂结构的工件，也可以制造非均匀材质或复合材料的零件。

（2）技术特点

该技术具有较多的优点，首先是操作简单，过程清洁，可以作为计算机的外围设备，在办公环境中使用；其次是能使用很多种的粉末材料，以及各种颜色的粘结剂，从而制作出彩色的原型制件，使得该技术具有优越的竞争性；第三是不需要支撑结构，由于可以用多余粉末担当支撑作用，且多余粉末的清理也很方便，因此该技术适合做具有复杂的内部结构的原型制件；第四是成型速度快，半个小时左右就可以加工一个原型制件；第五是不需要使用激光器，所以设备价格较低。但是，该技术具有如下缺点，首先是表面粗糙、精度较低，因此不适合制作细节繁多或者结构复杂的制件，可用于制作一些概念模型；其次是因为采用喷射的方法，粘结剂的粘结能力受到限制，使得原型的强度不高，只能用于制作一些概念模型；最后是原材料比较贵。

（3）典型设备

目前，3DP 打印技术方面的典型设备如表 2-5 所示。

表 2-5 3DP 打印技术的典型设备及其详细信息

设备名称	In Vision XT	Eden 330	Thermo Jet
所属公司	Z Corporation	Object Geometries	3D Systems
最大制作空间	298×185×203mm	350×350×200mm	250×90×200mm
打印工艺	液态树脂打印	液态树脂打印	MJM
原型材料	MJM紫外光固亚克力	Full Cuve光敏树脂	Thermo Jet热塑性材料
原型颜色	白色、蓝色和灰色	自然色、灰色和黑色	墨绿色和黑色
打印精度	328×328×606dpi	600×600×200dpi	300×400×600dpi
主机外形尺寸	700×1240×1480mm	1320×990×1200mm	2130×1350×1980mm

（4）技术应用

该技术主要应用于工艺模型或者原型验证模型的快速制造，模型的颜色比其他技术要丰富，因此模型的可观性比较高，如图 2-16 所示。同时，因为整体的成本偏低，3DP 技术在教学方面的应用比较广泛，制模精度约为 ±0.5mm，喷头的喷印精度影响着制模的精度。

图 2-16　立体喷印零件（美国 Zcorp 公司）

7. 其他新型的增材制造技术

这几年以来，国际国内在增材制造技术的理论和工艺方面，又有了一些新的突破，因此不断涌现出新型的材料、工艺和相关应用。以下举出一些新型的增材制造工艺。

（1）微纳尺度增材制造

图 2-17 为日本大阪大学制作的"纳米牛"，长 $10\mu m$，高 $7\mu m$。采用激光超短脉冲，在非常小的空间区域内，产生很高密度的光子，形成了双光子的吸收条件，使得材料发生了固化。这项技术有可能会在增材制造技术的加工尺度方面突破极限，促进增材制造技术的高端发展。

（2）低温沉积制造技术

清华大学在冰点以下挤出溶液进行沉积，制作出了具有 $400\mu m$ 孔隙尺寸的微孔，由此开发了低温沉积制造技术。在低温的环境下，挤出溶液，

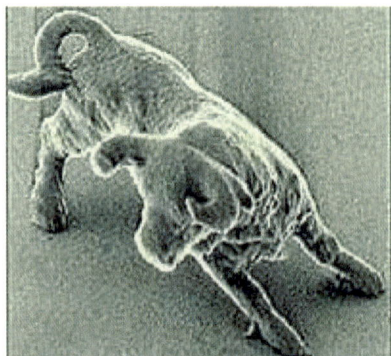

图 2-17 双光子飞秒激光增材制造的"纳米牛"

使其发生热致相分离，之后溶剂和成型材料分离，冷冻，凝结，最终形成外观结构。在经过后续的冷冻和干燥，再把溶剂抽干，就可以制成微孔，制作孔隙尺寸约 $10\mu m$。该技术为增材制造技术在制作多级分孔结构方面提供了参考，解决了结构强度和高孔隙率之间的矛盾。

（3）细胞三维结构增材制造

细胞立体喷印技术，是人们把制造科学的对象，从无生命的材料，转化为有生命的材料。清华大学提出的细胞三维受控组装技术，构建了分级结构明确的细胞三维结构体，基于纤维蛋白原和海藻酸钠水凝胶这两种基质材料体系，开发了分布复合交联工艺，实现了三维开放结构的成形制造。该技术已经成功受控组装了多种细胞，包括脂肪干细胞、心肌细胞、滋养细胞、内皮细胞、纤维细胞、软骨细胞和肝细胞等。部分示例如图 2-18 所示。

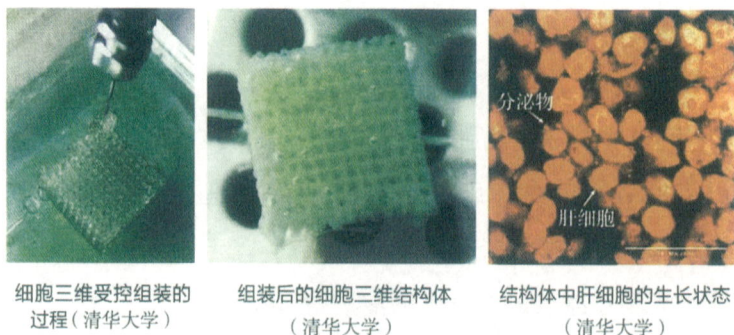

细胞三维受控组装的   组装后的细胞三维结构体   结构体中肝细胞的生长状态
过程（清华大学）   （清华大学）   （清华大学）

图 2-18 细胞三维结构增材制造案例

（4）高效增材制造的复合沉积

增材制造为了获得较高的成形精度，往往需要牺牲成形效率。成形效率较高的激光近净成形技术，也只能达到几千克/小时的制造速度。喷射成形是 20 世纪 60 年代末提出的，是一种将液态金属雾化与熔滴沉积结合起来的近净成形技术，成形效率可达 1t/h。但是，喷射成形的组织容易产生孔隙，导致密度不足，性能不稳定，极大限制了该项技术的发展与应用。最近，清华大学提出了一种将喷射成形和激光近净成形相结合的复合沉积成形（HDF，Hybrid Deposition Forming）新设想，如图 2-19 所示。利用喷射成形的高效沉积，利用激光扫描重熔沉积层，可以消除孔隙，用以保证零件的高性能。

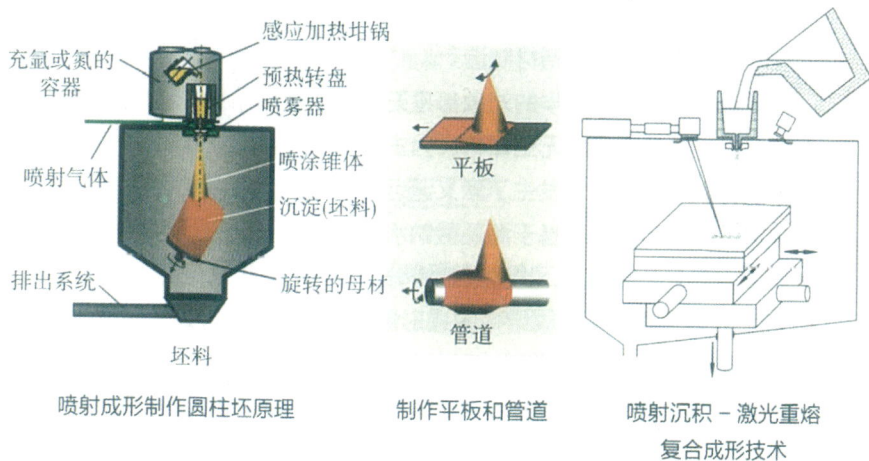

图 2-19 高效增材制造的复合沉积案例

（5）金属微滴 3D 打印成形

如图 2-20 所示，西北工业大学将熔滴按需喷射、增材制造和快速凝

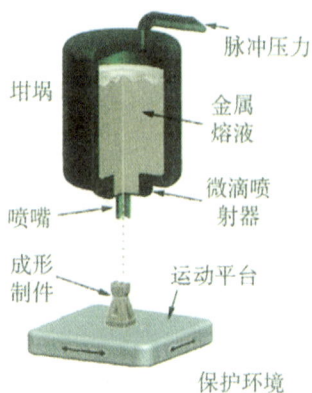

图 2-20　金属微滴 3D 打印工艺过程示意图

固三大技术集成起来，研发了一种金属微滴 3D 打印技术。首先，金属微滴喷射器将金属微滴喷射出来，然后，精确地控制金属微滴，逐点、逐层堆积在运动平台上，与此同时，控制运动平台的轨迹，从而形成复杂的金属零件。这项技术的设备成本和制造成本都比较低。目前，西安交通大学、北京航空航天大学、中航工业北京航空制造工程研究所（625 所）等均可以实现此项技术。

（6）微电子元件 3D 打印新技术

在微电子工业领域，立体喷印可用于电介质、有机材料、金属焊料、封装胶、电胶等多种材料的喷射成形。德国使用卷对卷方式的接触印刷工艺，制造柔性电子标签，提高了生产速度。美国使用同样的方式，制造出薄膜式太阳能光伏电池，将单位功率的成本，从原来的每瓦 3 美元，降低到 30 美分，成本减少了 90%。韩国的 LG 和三星公司通过使用微滴喷射立体喷印技术，生产出第八代液晶发光显示屏。图 2-21 是典型的微电子立体喷印器件。

（7）扩散焊叠层实体制造技术

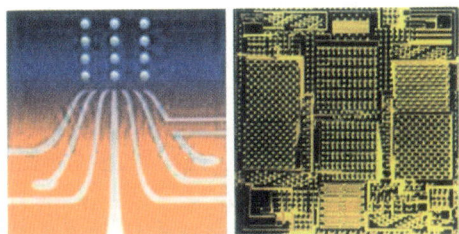

立体喷印微电子器件

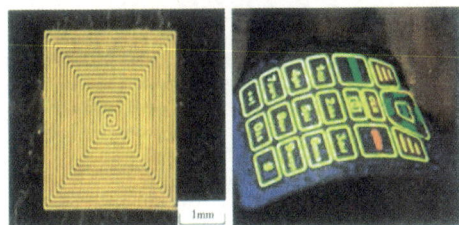

立体喷印光伏电池板　立体喷印柔性PCB板和RFID芯片

图 2-21 微电子元件 3D 打印案例

扩散焊叠层实体制造技术，改善了传统分层实体制造技术使用纸材容易潮湿的问题，以金属作为原材料，制作模型制件。该技术可用于化学激光武器、微小卫星以及飞行器等军用领域，或者平板热管、涉流 MEMS、微流道冷却器及反应器等民用领域的零件快速制造。西北工业大学等单位在我国率先开展了该技术的研究，并在航天航空领域的相关应用中进行了尝试。

8. 增材制造技术的对比和选用

前文所述的几种增材制造技术各有其优缺点。从安全的角度出发，SLA 技术的紫外激光器，通过采用原材料的紫外光敏凝固特性，实现快速成型，因此其过程中不会有过高的温度，比较安全。另外，FDM 的成型材料的熔点高于热熔喷头的温度，3DP 技术的成型材料和粘结剂通过喷头喷出，二者的安全性也较好。从环境的角度考虑，SLA、LOM 和 SLS 技术都涉及到激光，因此具有一定程度的限制，不适合在室内使用。具体请看表 2-6。

表 2-6 几种典型增材制造技术的特点和应用范围

技术名称	SLA	FDM	SLS	LOM	3DP
开发厂商	3D Systems	Stratasys	DTM	Helisys	Z Corporation
成型速度	较快	较慢	较慢	快	--
成型精度	±0.05mm +0.0015mm/mm	±0.13mm +0.0015mm/mm	±0.1mm	±0.5mm	±0.5mm
复杂程度	复杂	中等	复杂	简单	--
零件大小	中小件	中小件	中小件	中大件	--
常用材料	光敏树脂、热固性等	ABS、石蜡、尼龙、低熔点金属等	金属、陶瓷、石蜡、塑料等粉末	塑料、薄膜、纸、金属箔等	--
设备购置费用	价格昂贵	价格低廉	价格昂贵	价格中等	--
维护和日常使用费用	激光器有耗损，光敏树脂价格昂贵	无激光器耗损，材料利用率高，原材料便宜	激光器有耗损，材料利用率高，原材料便宜	激光器有耗损，材料利用率很低	--
发展趋势	稳步发展	飞速发展	稳步发展	稳步发展	--
应用领域	复杂、高精度的精细件	塑料件外形和机构设计	铸造件设计	实心体大件	--
适合行业	快速成型服务中心	科研院校和机构设计	铸造行业	铸造行业	--

　　增材制造技术在很多领域已经得到广泛应用，例如航天、航空、电子信息、医疗器械、机械、汽车、家用电器、玩具、首饰等行业。在这些领域的应用中，各种产品的尺寸、结构都存在差异，有些结构很复杂，有些对表面光滑度要求很高，有些对材料的硬度要求很高，有些需要控制成本。根据不同的需求，需要选择不同的制造技术。以下为几个实例：

（1）电子及通讯类产品

通常情况下，通讯类或者电子类产品一般多采用塑料薄壳结构，尺寸比较小，但是对表面粗糙度和尺寸的精度要求很高。多数情况下，还要考虑后续的小批量快速制造，因此需要将制件作为后续制模工艺的母模。

考虑到以上需求，当制造手机等壳体类产品时，综合考虑材料的性能、装配效果、表面的精度和质量等，SLA 技术值得考虑。虽然其成本有点高，但是因为产品本身的尺寸和质量较小，相对成本比较低，因此建议采用 SLA 技术，加工壳体类产品。

（2）机械、交通类结构部件

一般而言，机械、交通类产品对精度和质量要求较低，但尺寸比较大，制作出的制件主要用来验证产品的结构、外观和性能等。由于尺寸比较大，应该控制生产成本。通过比较几种技术，采用 SLS 和 SLA 技术应该可以满足以上的应用需求。但是考虑到成本问题，建议采用 SLS 技术，使得性价比最优。

3D 打印的产业技术优势

3D 打印技术采用加法式的整体制造方案，颠覆了过去的减法式加工方式。与传统经典的技术相比，3D 打印在产品功能、生产效率、制造成本等方面具有显著优势，值得进行大力的产业化推广，促使新一轮产业革命的发生。

1. 3D 打印的技术突破

美国一个名为 The Next Web 的网站，采访了 9 位企业创始人，总结性的结论是，3D 打印将会形成 8 个方面的技术创新，并可能实现历史性的突破。

（1）再无制造产品的概念

当3D打印技术普及后，消费者再也不用亲自跑去商店被动选择商品，而是可以根据个人的意愿自行设计商品，再通过网络打印店，把个人想法转为现实。这样的设计和打印环节，成本比直接购买还要低，而商品的涉及领域也更繁多，从机器设备到建筑物、从玩具娃娃到人体器官等等。

（2）测试想法

对中小型企业而言，摸清市场规律，了解消费者的个人需求，是其发展企业规模的关键因素。受到企业规模的限制，中小型企业本身不可能通过扩大产品数量来降低生产成本，因此面临成本过高的生存问题。有了3D打印技术，这些企业可以根据消费者的偏好，自行打印产品，降低生产成本。

（3）在家创业

传统的商品生产都是在大型的车间或者厂房里，总之是有专门的生产地点。当3D打印技术普及后，设计者不再受到地点的约束，可以在自己家里自行设计产品，通过电脑扫描以后，再交给专业的3D打印企业进行规模化生产。研发与生产实现完美脱离，提高工作效率，增加创业机会。

（4）工具百宝箱

小零件和小工具是我们日常生活中不可缺少的一部分，但是因为其体积较小，不易存储，因此我们有时需要寻找小零件或者小工具。有了3D打印技术，我们可以自行设计出一些常用的但是又很难找到的小零件。例如：水泥钉、螺母、工具刀等等。由此可见，3D打印机将在我们的日常生活中担当工具百宝箱的角色。

（5）设计样品

有些高端产品，由于设计和制作成本高，因此价格比较昂贵，一个样品的制造成本接近 400 美元。当 3D 打印技术出现后，能够采用低成本，设计出个性化的产品，激发产品设计师的无限创造潜力。因此，3D 打印技术由于降低了制造成本，而提高了产品设计创意的水平，给设计制造领域带来前所未有的改革。

（6）打印必需品

以前，我们使用的一些复杂产品，由于部件繁多，组装麻烦，不仅生产效率低，而且价格昂贵。有了 3D 打印机，成本得到控制，我们可以便捷地制造出自己需要的产品，比如：房子、汽车、机器、生活用品、食品等。

（7）增加效率

在低成本和便捷性之外，3D 打印的另一大优势是增加效率。以前都是先设计样品，之后购买大量的原材料，批量加工，再批量售出。现在，使用 3D 打印技术，产品的设计和制造等过程需要的时间和成本都有所降低，因此使得工作效率显著提升。

（8）打印零部件

有些机械设备的零部件特别贵，3D 打印技术可以解决这个问题。通过 3D 打印机，直接打印出机械设备需要的零部件，显著降低了生产成本。这一点对制造商来说，显得特别重要，有效解决了设备设计和生产环节的很多问题。

2. 3D 打印的技术优势

3D 打印与传统的制造技术比较而言，在多样化、效率、成本、空间、便捷、材料、精度、环保等多个方面具有优越的先进性，对各种背景、各种专业、各种行业的生产和制造活动产生非常重大的影响，可以称之为传统制造方法的一个重大突破和传统制造业的一场技术革新。

（1）制造复杂物品不增加成本

传统技术中，生产成本和商品的结构紧密联系，结构越复杂，成本就越高。对 3D 打印技术而言，以上二者之间的关系不大，复杂程度对材料的种类和数量有影响，对成本的影响不大。只要有三维模型，制造形状复杂和形状简单的商品，所需要的成本、技能、时间基本一样。因此，3D 打印的这个相对低成本的特点，对传统制造模式带来较大冲击。

（2）产品多样化不增加成本

传统制造技术中，一个机器能够生产的产品种类很有限，并且需要额外的工作人员来负责维护，使得机器具有很强的资产专用性。但是，只要拥有产品的三维数据和原材料，3D 打印设备不仅可以打印各种尺寸、形状和种类的产品，而且还不需要工作人员进行额外的维护工作，因此降低了商品的制造成本。

（3）无须组装

3D 打印技术不仅在成本方面对传统制造模式造成巨大冲击，而且在制造模式方面也具有明显的优势。传统的制造模式都是在一个成熟的流水线上进行大批量的生产和加工，当产品结构复杂时，流水线需要的设备成本和制造时间都会增加。在 3D 打印领域，3D 打印可以先打印出各个零部件，再由专门的人员负责后续的组装工作，甚至 3D 打印技术可以直接实现一体化打印，省略掉组装环节。由此缩短了产品加工的供应链，节约了运输和劳动花费。

（4）即时交付

对企业来说，没有库存积累，降低囤货风险，就能够降低生产成本。

3D 打印技术的即时生产手段，帮助企业实现这一梦想。3D 打印技术能够根据消费者的需求进行个性化生产，既满足了客户的需求，又减少了企业的库存，实现了按需分配市场、零库存、低成本、快速交付的新型交易模式。

（5）突破空间限制

传统的制造模式用的是减法，并且在产品形状和尺寸等方面，受到原材料和生产设备的多重限制。以铸造或锻造为例，其生产出的产品尺寸比原材料要小。3D 打印技术用的是加法，不受原材料外形和空间的限制，根据三维数据图案，随心所欲的打印出各种形状和尺寸的产品。

（6）零技能制造

传统的制造模式专业性较强，例如汽车生产线上的工程师，需要进行专业化的培训之后，才能进入生产线，明显的专业分工导致教育培训成本较高。3D 打印技术突破了专业化的局限，工作人员只需要掌握 3D 打印机的使用方法就可以了。因此，3D 打印技术实现了零技能制造的全新模式。

（7）便携制造

传统的制造模式需要在特定的车间或者厂房进行，但在经济高速发展的当今社会，土地资源非常珍贵，节约土地资源，能够明显降低生产成本，提升企业的核心竞争力。3D 打印技术的设备集成化较高，便携性也较高，对生产地点和空间的要求较低，缓解了传统制造模式对土地资源的需求问题。

（8）更加环保

传统的制造模式做的是减法，经过在大尺寸的原材料上，进行冲压、切削、钻孔等多个环节后，得到符合要求的零件或者产品。而产品之外的部分，则成为大量的余料，不仅造成资源浪费，而且容易引起环境污染问题。3D 打印的加法制造，从无到有逐层堆积原材料，直到得到满意的产品，该过程中，基本没有工业垃圾。因此，3D 打印技术更加环保。

（9）材料无限组合

传统制造的主要模式是切削、模具等成型方式，很难将多种原材料融合起来。而 3D 打印技术能够自如地将多种材料堆积在一起，增大了产品种类和功能的多样性。随着材料技术的发展和粘结技术的进步，3D 打印技术还将挑战各种材料的组合模式，增加产品的独特性。

（10）精确的实体复制

3D 打印技术将数字文件的精确程度妥善保存到现实世界，从而精确地复制了实物原型。通过配合 3D 打印技术和三维扫描技术，提升实体世界和数字世界二者之间的分辨率，从而制造出更加精确的副本、或者对原件进行优化。

（11）强大的连接功能

传统制造模式主要依靠焊接实现零件的粘合，但是焊接技术很难在零件之间实现完全对接。以火电、核电、飞机等行业使用的重型机械或者高端机械为例，焊接技术难以保障部件之间的牢固连接。3D 打印的产品在生产过程中已经使用了粘结技术，因此无需再次焊接，就实现了零件之间的无缝对接问题，并且具有很好的稳固性。所以，3D 打印技术已经优先在以上领域得到认可和快速发展。

以上所述的几大优势，很多都已经得到现实世界的证实，并且很有希望被大力推广。所以说，3D 打印技术在制造成本、产品精确度、空间约束、便携性、环保性能、多样化制造等很多方面，比传统模式有显著的优势，为新型工业制造带来希望。

3. 3D 打印的产业优势

3D 打印由三维实体计算机辅助，直接生产出产品，不仅省略或者减少了毛胚的准备、零件加工、工件组装等流水线缓解，而且避免使用各种模具或者刀具，以低成本生产出丰富的产品，具有很好的产业化前景。

（1）时间突破

3D 打印技术已经在数码产品、工业设计等方面被广泛应用，逐渐成为设计的潮流。其采用的成型头拥有多个喷嘴，具有快速的成型速度，节省了传统制造过程的一系列流水线环节，提升了产品开发效率。一般情况下，3D 打印的效率是传统制造的 3~4 倍，因此具有明显的竞争优势。

（2）适应性强

该技术的强适应性主要体现在两个方面。第一，环境适应性强。不需要流水线作业涉及的生产设备，且自身具有高集成化结构，使得 3D 打印机可以在很多场所使用。第二，生产过程适应性强。主要体现在不受原材料尺寸的约束，可以通过做加法而打印出各种形状复杂，种类繁多的产品。该技术改变了传统制造技术受到原材料制约的困境。

（3）订单突破

传统的订单生产模式，难以高效地满足客户的个性化需求。客户提出的需求越复杂，传统订单生产模式的周期就越长，甚至不能满足客户的需求。3D 打印技术在这方面具有明显的优势。第一，3D 打印只需要三维数据模型，就可以生产出形状和尺寸多样化的产品，符合客户的喜好；第二，3D 打印可以提供上门服务。将便携式 3D 打印设备带到客户家里，直接打印，由客户监督整个流程，既能满足客户随时可能更改的个性化需求，也提高了客户对产品的满意度；第三，无需等待，无需库存。需要生产产品时，从计算机里面调出产品的三维数据模型，直接进行打印。

（4）价格突破

3D打印的设备简单、所需材料少、设备运行费用低，运输费用低，因此从多个环节降低了生产成本。一方面，采用分层加工的加法方式，很少产生废弃物，节约了材料的使用；另一方面，生产环节一体化，降低了开发成本。生产成本的降低，是3D打印最具有吸引力的地方。

以上世纪初期美国福特为例，其开发的汽车生产流水线，使得福特T型车的价格仅为950美元，让汽车走进平民家庭成为可能，开启了流水线生产的序幕。如今，一台售价为5000元的私人电脑，可能比30年前很多先进计算机的性能要高出很多，因此，计算机也进入平民家庭。所以说，当成本降低，产品的大范围普及就成为可能。

再来分析3D打印机的价格。10年前，一台3D打印机可以卖到十几万美元。现在，一台家用3D打印机（以图2-22为例）的价格大约为2000美元，可以打印出各种家庭用品、摆设、装饰品、玩具等。未来5年，3D打印机的价格将降低到400美元左右，从而可以真正实现3D打印的大众化和产业化。

图2-22 Replicator 家用三维打印机

（5）材料突破

以往的 3D 打印机，受到原材料的限制，只能打印塑料或者树脂产品。现在，随着原材料的不断发现和 3D 打印技术的快速发展，3D 打印的产品已经扩展到金属、陶瓷、混凝土、玻璃、细胞、食品等。2013 年 6 月，"新工业革命与增材制造国际研讨会"暨"3D 打印国际展示会"在北京展览馆举办。会议上展出的飞机构件，是由中航工业公司采用 3D 打印技术制造的，并且已经应用到战斗机中，显示了良好的经济效益。

（6）种类突破

与传统制造模式的区别之一，就是 3D 打印突破了行业限制。3D 打印的产品，涉及到制造业、休闲、教育等民生领域，也涉及到医疗设备、国防军事、航空航天等高科技领域。无论产品多么复杂，只要拥有三维模型数据和相应的原材料，3D 打印就不会让使用者失望。

3D 打印的产业前景如何

3D 打印面临哪些挑战？

1. 3D 打印技术存在的问题

目前，美国、德国、以色列等一些制造业强国都已经制造出了一些技术比较成熟的 3D 打印设备，比如以色列的 Objet 公司已经生产出了 Eden 3D 打印机系列、Desktop 三维打印机系列以及 Connex 打印机系列等。但从目前 3D 打印技术发展的情况来看，在打印的速度、产品的材料性能、打印材料的成本、操作的可访问性和安全性、成型精度以及质量等方面还存在一系列问题，制约了 3D 打印技术的快速发展。

（1）加工速度慢

目前，国际上的大多数 3D 打印机都使用液态树脂作为打印材料，这种材料可以利用聚焦激光束精确地点硬化，这种技术可以创作结构错综复杂的雕塑。但这种材料和技术也有一个致命的问题，就是打印的速度非常慢，大约是每秒几毫米，严重影响了打印的效率和削弱了打印产品的竞争优势。

（2）耗材受限

目前，虽然已经开发出了一系列应用于 3D 打印的同质和异质材料，但这些耗材仍然难以满足客户和市场对多种功能材料的需求。在打印材料方面，以色列的 Objet 公司居于行业领先地位。2012 年，Objet 公司宣布为 Connex 系列多材料 3D 打印系统开发了 39 种新型"数字材料"，消费者可以选择不同刚性、不同韧性、不同透明度的各种物质材料多达 107 种，其中有 90 种是由 Objet 公司开发的"数字材料"，用户可以使用 Connex 多材料 3D 打印机，同时在一个模型中最多使用 14 种各种硬度和透明度的材料。

（3）打印对象受到限制

当前，由于 3D 打印技术的推广范围较小，许多图像和物体都是通过二维的形式展现的，比如说电视画面、LED 现实的图片以及我们手机中的电子照片都是二维的。而要将这些二维的图片通过 3D 打印设备制造出来，有一个先决条件，就是必须要将我们能够看到的这些二维图片转化成为 3D 打印设备能够直接识别的三维图像。目前，由于我们的图片收集方式比较落后，而且三维扫描技术也没有普及，使得广大用户还无法自由地通过 3D 打印设备打印二维照片或是屏幕上的二维动画角色。

（4）单个成本高

随着材料技术的进步，以及在大规模推广的条件下，3D 打印的总体成本较低，这将成为 3D 打印的竞争优势之一。但是在 3D 打印发展的初期，由于技术的不成熟以及市场规模较小，单个打印设备的成本和耗材的成本都比较高，这将是在很大程度上制约 3D 打印技术广泛应用的关键要素之一。从目前的情况来看，最便宜的 3D 打印耗材也达到了几百元一公斤，而最贵的耗材价格甚至会达到 4 万元一公斤。如此高昂的耗材价格使得目前的 3D 打印技术的单个成本较高，难以与批量化生产而导致单个成本较低的传统生产方式相比，由此在大规模制造方面，3D 打印技术难以全面取代传统制造技术。

（5）精度较差

目前，3D 打印技术和工艺都还不完善，总体上还处于发展初期的试验阶段，只有一些企业和科研机构取得了一些比较成熟的技术，而且这些技术的使用推广范围都比较小，在打印技术和工艺方面还有许多可以改进的地方。由于 3D 打印的技术不成熟、工艺发展不完善、软件的融合水平还比较低，使得打印的一些快速成型零件无论是在外型的精度方面，还是在表面的质量方面，都还无法满足工程使用的要求，大部分的零部件都还不能直接作为功能性部件，而只能用做原型使用。

（6）产品质量较差

任何技术在发展的初期，由于技术的不成熟和经验的缺乏，都会出现产品质量不稳定、总体水平较低、残次品比例较高等一系列问题。目前，世界各国的 3D 打印基本上都采用层层叠加的增材制造工艺，由于受 3D 打印技术、耗材功能和粘合剂的限制，每层之间的粘结都会出现一定的问题，层和层之间粘结的程度和性能都无法与传统模具整体浇铸而成的零件相媲美。因此，在目前的技术水平下，通过 3D 打印技术所造的产品在质量上还有待进一步提升，这也是 3D 打印在发展初期必须面对的问题。

2. 我国 3D 打印产业发展存在的问题

当今国际上 3D 打印技术较为成熟、应用较为广泛的国家主要有美国、德国和日本等少数制造业强国，我国在 3D 打印技术的研发和产业化方面都还处于起步阶段，技术研发、政策规划、产业基础、人才支撑等方面还存在一系列问题，在一定程度上制约了我国 3D 打印技术的进步和产业化发展。

（1）缺乏宏观政策支持

3D 打印产业的发展是一个系统工程，在上游需要软件技术、控制技术、光机电技术和材料技术等技术的支持，在中游要以信息技术的数字化平台进行立足，下游涉及的领域包括文化创意、家电电子、航空航天、医疗卫生和国防科工等，对于工业设计业、文化创意业、电子商务业、先进制造业、生产性服务业以及制造业信息化工程，3D 打印产业的发展将发挥重要的作用。但从目前的发展情况来看，对 3D 打印产业发展的总体规划与重视不够，国家还没有针对 3D 打印的相关规划，《工业转型升级规划（2011—2015）》、《国家战略性新兴产业发展规划》以及《智能制造装备产业十二五发展规划》的相关规划也没有对 3D 打印给予重点支持，缺乏宏观的政策支持是我国 3D 打印产业发展缓慢的原因之一。

（2）技术研发投入不足

目前，我国在 3D 打印技术研发方面具有自主知识产权的院校也只有清华大学、西安交通大学、北京航空航天大学等少数几所科研院校，这些高校都是通过申请国家的科研经费开展研究。在设备制造方面，可以自主制造 3D 打印设备和打印材料的企业有几家，然而这些企业普遍只有较小的规模。我国 3D 打印科研的社会化投入机制尚未建立，使得我国 3D 打印方面的技术研发投入总体上还处于较低水平。这就使我国的 3D 打印产业存在研发投入严重不足的问题，在诸多环节存在缺陷，如工件支撑材料生成和处理、加工流程稳定性和部分特种材料的制备技术等都有一定程度的问题，对产品制造的需求难以满足。目前，一些主流的欧美企业在 3D 打印市场方面已经具有一定的技术和品牌影响力，不断加强在技术研发方面的投入，有的企业研发投入占销售收入的 10% 左右，使其保持了较强的技术优势。

（3）产业配套体系不全

与其他产业的发展相同，完善的供应商、服务商体系和市场平台也是 3D 打印产业发展所需要的。目前，我国的 3D 打印产业还处于初级发展时期，尚未建立 3D 打印机及耗材提供商、工业设计机构、3D 数字化技术提供商等供应商体系和 3D 打印服务商、3D 打印设备经销商等服务商体系，而第三方检测验证支持、金融支持、电子商务、知识产权保护等市场平台也处于发展初期，使得当前国内 3D 打印企业还处于"孤军作战"的态势。在这种条件下，3D 打印主导的技术标准和开发平台尚未确立，技术研究与产品开发还处于无序状态，产业化推广和应用还处于初级阶段，使得我国 3D 打印的产业整合能力和产业竞争优势尚未形成，制约了 3D 打印产业的快速发展。

（4）产业技术培训不足

3D 打印产业的发展需要有配套的人才支撑，而目前由于受到产业发展规模较小的限制，我国尚未建立起与 3D 打印发展相适应的人才培养体系，一些先进制造理念如"数字化设计"、"批量个性化生产"等尚未被多数制造企业所接受，缺乏对 3D 打印这一新兴技术和新兴产业的了解，对其战略意义认识不足。当前，企业对 3D 打印设备的购置非常少，适用的领域也很狭窄，大多数设备还停留在展览展示阶段。与 3D 打印相关的机械、材料、信息技术等工程技术专业尚未设置，相关课程培训教程以及教具都还未问世，许多职业技术学校和高校对 3D 打印技术的介绍还停留在部分学生的课外兴趣研究层面。人才培养体系的缺乏和产业技术培训的不足使得 3D 打印产业发展动力不足，制约了 3D 打印产业的长远发展。

3. 3D 打印技术的消极影响

任何技术的产生都会对经济社会发展带来一定的积极意义，同时也会在很多方面给人们的生产生活产生一些负面影响。3D 打印技术也是如此，它的诞生与发展在给工业制造领域带来的变革不仅仅是起正面作用，还有一些会起着负面作用。以下，我们将对 3D 打印技术的发展有可能产生的一些消极影响进行客观的梳理。

（1）存在一定的安全隐患

只要有相应的设计模型，3D 打印设备可以打印出各种我们所需要的产品，包括各种金属产品，于是手枪、管制刀具、火箭炮等各种杀伤性武器也可能被随意地制造出来。尤其是各种枪械部件的数码模型很容易获得，也很容易在网络上进行传播，这样的话，只需要一个小小的 U 盘，或者拿一支枪进行三维扫描之后，就可以让万能的 3D 打印设备打印出大量的极具杀伤性的武器。这样的话，3D 打印的出现和普及就会给社会治安和人们的生命财产安全带来巨大的隐患。

（2）有可能引发一系列的盗版问题

由于 3D 打印分为设计和打印两个环节，其中模型设计环节是整个

3D 打印的关键环节，而 3D 模型的设计是以电子的方式来进行存储的，这种存储方式十分容易被拷贝和复制，这将使得许多专门从事三维设计的工程师的设计很可能被别人抄袭和剽窃。创新人士从信息共享时代就不断摸索，吃尽了苦头，花费了很久的时间，软件设计的盈利机制才被找到，而随着 3D 打印时代的到来，又会面临这种新的知识产权问题。由此可见，盗版问题将有可能成为 3D 打印发展面临的一个障碍，同时也会使得盗版的力量得以滋生。

（3）有可能导致资源环境问题

3D 打印的推广和普及将使得物资的消耗呈快速增长的趋势，在自由想像与创造欲望的驱动下，每个人的创作激情都有可能被激发，成为设计师，从而使得人类的创造能力被大大开发，许多人就可以随心所欲设计和制造出各种所喜欢的产品。这样的话，一方面，3D 打印技术的普及将消耗大量的物资，这会给自然生态环境带来巨大的破坏；另一方面，许多设计的产品或许根本就没有实用价值，而只是一个创意概念，大量的设计品被生产出来，也会给环境保护带来了巨大的压力。而与此相反的是，生产 3D 打印耗材的厂商有可能将迎来巨大的市场空间，这将催生出新的 3D 打印材料研发、生产和供应产业。

（4）有可能引起道德与伦理的争论

在 2D 平面时代，照片 PS（Photoshop）、艳照和偷拍等足以使人恐慌，而今 3D 时代来临，鉴于色情图片和情欲影片的影响，自我保护和屏蔽等工作需要充分做好。高科技的民用化以及平面照片、偷拍和透视扫描直接转为 3D 令人防不胜防，透视扫描一个人体可以轻松搞定。前段时期，个人隐私问题由于机场的透视安检引发，已经引起一些人的反对。应当忧虑的是，打印人像嫁接技术可以生成一些可怕的不雅照，并被某些人用于谋取非法利益，一具具有明星脸和身材的充气娃娃通过一封电子邮件就有可能传播，目前在网络上的销量已经非常的火爆，几乎形成了一条比较成熟的产业链。由此可见，3D 打印将带来一系列的伦理和道德的负面影响。

（5）可能使人出现审美疲劳

3D 打印技术得到广泛普及和应用之后，各种创意和设计产品的不断增加，各种复杂的产品和设计都有可能出现，人们接受新事物的信息量也将随之增长，而过多的设计会使得许多人会在一定程度上出现审美疲劳。这个时候，很多人的审美标准有可能会回归简约和实用，比如苹果手机出现之前，各种外形、颜色和功能复杂的手机层出不穷，使人们出现了一定程度的审美疲劳，而乔布斯在苹果手机的外形上采用了简约的设计风格，重新将手机统一了起来，颜色只有黑色和白色两种，按键也就只有 Home 键和关机键两个，从而赢得了广大消费者的普遍认同。

（6）科技用于邪恶用途更为便利

如果 3D 打印技术被用于其它非法目的，有可能会制造出一些人类难以控制的生物或者武器，比如如果 3D 打印技术被用于邪恶的用途，打印出一双恶魔的翅膀，再通过一些零件和智能芯片的组合，很有可能制造出类似"钢铁侠"之类的战斗武器，一些灾难大片有可能变为现实。

通过上面的分析可以看出，如果处理不好，3D 打印技术的发展将会给我们的生产生活带来很多的负面影响，甚至是人类的毁灭。为此，我们应当客观地看待 3D 打印的负面作用，通过制定各种完善的法律和法规来限制其所带来的负面作用，做到"疏""堵"结合，发挥其对人类经济社会发展有利的一面，从而使得 3D 打印技术为人类制造业的发展和进步发挥更大的作用。

3D 打印的技术前景如何？

3D 打印技术的提出只是制造业领域的一个构想，但是这个构想有可能引起工业制造领域的革命性变化，进而会引发更高层面的社会和经济变革，因此该技术受到了学界、企业界和政府的高度重视。3D 打印的应用主要是因为其可以实现更低水平的库存、更小的风险以及更加专业化的服务等。首先，对于从事 3D 打印的企业而言，可以以合理价格快速打印出各种符合个性化需求的零件和商品，而无需再花费大量的资金建设和管理零部件仓库，这样可以实现真正的"零库存"，这是 3D 打印能够改变商务模式的潜在能力。其次，由于 3D 打印具有速度快的特征，3D 打印企业可以在接到订单和收到预付款以后，再安排进行打印制造所需要的商品和零件，这个过程中的财务风险基本上可以忽略不计，而唯一的风险仅在于产品设计的时间和费用，而非产品的运输和库存，这也是 3D 打印有别于传统制造业的重要原因。第三，3D 打印涉及到许多的环节，而这些设计和制造等环节又可以非常方便的拆开进行细分，进而分包给不同的专业公司来完成，提升 3D 打印各环节的专业化水平。比如设计和制造环境分离后，设计师可以根据客户的需求进行个性化的设计，然后委托专门的 3D 打印公司制造并通过物流快递他们自己设计的作品，并收集客户的反应。对客户而言，客户可以向专业的 3D 设计公司购买设计方案，然后下载喜欢的产品 CAD 文件，在自己家里或者委托专业的 3D 打印公司打印。

1. 3D 打印的前景展望

然而，上述想法要得到普及，还需要设法克服 3D 打印产品本身所存在的成本、精度和强度等三方面问题。一是成本的问题。目前，3D 打印材料属于新材料范畴，大多数种类的价格比较高，是传统材料的十几倍、几十倍甚至上百倍，这方面需要通过规模化生产和技术进步，来逐步降低 3D 打印材料的价格。二是精度的问题。目前，3D 打印产品的尺寸精度是十分之一毫米，只能打印一些对精度要求不是很高的产品，而要达到微米级、纳米级的水平还有很长的路要走。第三是强度的问题。受打印材料和粘合剂技术水平的限制，目前的 3D 打印产品强度较低，导致其应用范围和领域比较窄。随着 3D 打印技术的创新，我们可以预见，在未来 5 年内，有可能会形成完整的 3D 打印供应链，生产制造领域将会出现大量专业提供 CAD/CAM 设计的公司，使广大终端用户可以更加便捷的下载，然后在家打印产品或委托专业的打印公司打印。随着 3D 打印技术的进步，一系列高性能、高质量、低价格的打印材料将会应运而生，CAD/CAM 软件也会得到普及，进而出现一大批专业的、个体的 3D 打印企业。从长远来看，随着 3D 打印技术的进步，3D 打印产品的尺寸稳定性、耐热性和防潮性将会由此而大幅提升，3D 打印也必将获得更为广泛的工业应用前景。

（1）打印材料多元化

从 3D 打印技术的发展来看，制约 3D 打印技术快速推广和应用的主要原因是打印材料的特殊性与打印设备的适用性。如前所属，当前能够实现商业化使用的 3D 打印材料主要有高分子材料、无机非金属和金属材料三类。尽管高分子材料已经商业化，并在 3D 打印机中得到了广泛的应用，但无机非金属和金属材料的应用仍处于探索阶段，可选择的 3D 打印材料十分有限，这在很大程度上限制了 3D 打印技术的发展。随着 3D 打印技术的创新和新材料技术的进步，未来可以用作 3D 打印的材料的种类将会越来越丰富，进而出现越来越多的具有良好综合性能的 3D 打印材料，为

3D 打印技术的推广和普及提供良好的支撑。

（2）应用领域扩大化

随着 3D 打印技术的创新和新材料领域的进步，可用于 3D 打印的材料种类将会不断扩充，3D 打印机能够打印出的产品种类也将不断增加，3D 打印产品的性能也将不断增强，进而使得 3D 打印产品的应用领域不断扩大。更为重要的是，随着新工艺的开发和新设备的改进，3D 打印技术进一步得到整合，3D 打印产品的尺寸精度与性能也将进一步提高，产品的应用范围和应用领域也将出现扩大的趋势，这将使得 3D 打印产品对一些传统的低端制造业造成越来越大的市场冲击。

（3）打印方式多元化

3D 打印设备具有家庭使用和工厂化使用两种模式，这就要求改变 3D 打印设备的体积可以容纳不同数量的零部件，这也是 3D 打印设备适应市场需求的重要前提。在个人应用领域，面对广大消费者个性化的需求，许多 3D 打印设备制造企业可能会研发出外形比较小巧，更加经济实用，适合办公室工作环境和家庭环境使用的 3D 打印机型。尽管到目前为止，3D 打印技术制造的商品在整个全球制造业中所占的比重很小，3D 打印技术的应用也受到各种条件的制约，但随着研究的深入与技术的进步，打印材料将会更加多样性，设备功能将会更加完善，3D 打印的应用领域将会不断扩大，并产生个人应用与企业应用两种打印设备共同存在的情况，从而对传统的生产制造方式产生深远的影响。

2. 3D 打印的应用前景

3D 打印快速成形技术相比其他快速成形技术拥有诸多优点。3D 打印技术一经问世，就被认为是快速成形领域最有生命力的新技术之一，许多预言家认为其具有广阔的应用前景和良好的发展潜力。伴随新材料和快速成形技术等相关学科的发展，3D打印的应用将会越来越广泛，获得更大的发展空间，从而推动制造业整体上的智能化，并有可能成为第三次工业革命的引擎。

（1）便利化的打印设备

随着3D打印技术的发展和成熟，3D打印设备的制造技术也会不断发展，不仅会研发制造出一些大型的专业3D打印设备，而且在巨大市场需求的驱动下，一些3D打印设备生产企业将会针对特色的市场而研发出一些便捷的3D打印设备，就像现在的小型桌面打印设备一样，一系列个体比较小、成本比较低、能够满足日常生活和办公使用的小型3D打印机也将会问世和普及。

（2）新材料的研究与开发

3D打印的推广和普及，需要有先进的3D打印设备和完善的配套打印材料两个必要组成部分。随着3D打印设备的发展，也会相应地诞生一些与3D打印相匹配的打印材料生产企业，这些企业在市场需求和利润的驱动下，会加大各种新型3D打印材料和3D打印粘合剂的研发投入，从而推出一系列综合性能良好、打印成本低、节能环保性强的新型打印材料，以满足各个行业各个领域3D打印发展的需要。

（3）集成化的软件

要实现3D打印的推广和普及，提高3D打印的智能化和自动化水平，就必须要实现CAD、CAPP、RP的一体化。3D打印的实现，需要利用计算机辅助设计系统设计，将三维CAD模型进行近似处理，生成三角面片的文件后，再进行切片分层，最后再通过软件的集成实现3D打印设备、计算机辅助设计系统之间的无缝对接，进而完成 3D 打印设备的智能化和自动化打印。3D 打印技术的发展，也必将会在一定程度上推动软件集成化的发展，从而有助于提升 3D 打印的成形精度和制造效率。

（4）新工艺的开发

工业生产的进步和工业产品功能的提升，需要满足材料、技术和工艺等三个方面的必备条件。随着 3D 打印中喷射技术、集成制造技术、新材料技术的不断进步，一些新的工艺也将随之被开发应用，如果高端 RP 设备的一些高级功能在三维打印机上实现，原型件的表面质量和尺寸精度将进一步提高。

（5）设备的改进

目前，3D 打印还处于科研阶段，只是在一些技术水平较高的领域得到了小规模应用，如飞机零部件制造、牙齿骨骼的生成等，还没有在日常生活中得到大规模的推广。随着 3D 打印技术的发展，3D 打印设备的制造技术也会相应改进和提升，在广泛地使用并征求客户的使用意见和改进建议之后，3D 打印设备也将会进行不断的改进，从而不断提高 3D 打印设备的功能和实用性。

3. 3D 打印的发展方向猜想

3D 打印的发展可以分为 3D 打印技术的发展和 3D 打印技术的产业化应用两大部分，而前者是后者的基础，后者的发展为推动前者的不断发展提供了充足动力来源，因此两者之间是紧密联系的、互为因果的关系。

（1）未来的技术发展方向

现代制造技术是由传感技术、信息技术、智能控制技术、新材料技术等高精尖技术组成的系统工程，3D 打印技术就是其中最为典型的代表。

随着未来智能制造的进一步发展和成熟，新的信息技术、控制技术、新材料技术、传感技术等新技术都会被广泛应用于 3D 打印中，从而推动 3D 打印技术及其产业化应用的发展。从目前各种制造技术的发展情况来看，未来我国 3D 打印技术的发展将更加体现出精密化、智能化、通用化以及便捷化等主要趋势。

趋势一：精密化

一方面，随着材料科学的进步，将有可能开发出种类更为丰富、功能更为齐全的 3D 打印材料，如智能材料、功能梯度材料、纳米材料、非均质材料、复合材料以及金属材料等，3D 打印产品的表面质量、力学和物理性能也将会有很大的提升；另一方面，随着 3D 打印设备向精密化方向发展，3D 设备打印的速度、效率和精度也将有很大的提升，并行打印、连续打印、大件打印、多材料打印的工艺方法也将得到广泛应用，从而能够打印出各种更高精度的产品，使 3D 打印向精密化方向发展。

趋势二：智能化

当前，软件产业正在生产生活的各个领域得到广泛应用，使得我们的生产制造活动更加智能化。随着软件开发的进步和软件集成的发展，将会促进 CAD、CAPP、RP 等软件实现一体化，从而让设计软件和生产控制软件能够做到无缝对接，实现设计者通过互联网与远程 3D 打印设备连接，进而直接联网对 3D 打印设备进行远程控制，实现远程在线制造，不断提升 3D 打印的智能化水平。

趋势三：通用化

3D 打印是一种制造理念，但从目前的发展情况来看，更多的还是处于试验阶段，仅有的一些应用也体现在科技含量比较高的机器设备零部件中。随着 3D 打印技术的不断成熟和产业化的不断发展，操作更加便捷，成本更加低廉，更加适应分布化生产、设计与制造一体化的需求以及家庭日常应用的需求。到这个时候，3D 打印技术及其应用也将飞入寻常百姓家，在生物医学、建筑、汽车、服装等更多领域进行推广和普及，从而制造出各种通用化的 3D 打印产品，成为我们日常工作和生活中不可或缺的组成部分。

趋势四：便捷化

在未来，随着 3D 打印技术的进步，3D 打印机本身也会得到不断改进，体积也会向小型化、桌面化发展，就和我们现在办公用的打印机一样，成为一个必备的便携办公用品，甚至可以随意放在我们的办公桌上，也可能像微波炉一样，成为我们家庭中不可或缺的生活用品，而打印材料也会像我们今天的打印纸一样，在各个办公用品超市随处就可以买到，从而使 3D 打印这种技术和制造模式在更加广泛的范围内得以普及。因此，3D 打印技术的发展和普及，将会对人们的日常工作和生活方式产生重大的影响。

（2）可能的技术应用方向

3D 打印技术以及 3D 打印产品的应用尽管目前发展比较迅速，大有推进传统制造技术和制造模式实现革命性突破之势，但总体而言，目前的 3D 打印技术及其应用还处在一个起步阶段，通过对 3D 打印技术发展趋势及其市场应用前景的判断，估计未来的 3D 打印技术和 3D 打印产品应用有可能往以下几个方向发展。

方向一：发展日常消费品制造

近二十年来，尤其是近三年来，随着 3D 打印技术的逐渐成熟，3D 打印已经成为国外制造技术发展的一个热点，其产品的产业化应用被称为

3D 打印机，可以直接将电脑中设计的 3D 模型打印成为现实的 3D 产品。而打印机过去一直仅仅被视为电脑的一个外部输出设备。这种打印技术在工业造型、产品创意、工艺美术等领域，有着广阔的应用前景和巨大的商业价值。近年来，随着 3D 打印技术的成熟，3D 打印机的地位大有不断提升的趋势，逐渐成为 3D 打印的核心组成部件。许多家庭日常消费品，如杯子、碗、桌子、椅子等，都有可能成为 3D 打印技术的产业化应用成果而得以广泛应用。

方向二：发展功能零件制造

随着新型材料科学的进展，许多金属材料有可能被先进的激光或电子束直接熔化成为金属粉，然后 3D 打印设备再利用高强度的粘合剂通过逐层堆积成为金属构件，这种技术也被称为金属直接成型技术。这种技术可以直接制造出结构复杂、功能特殊的金属零件，而且这种零件的力学性能可以达到很高的锻件性能指标，甚至在很多时候能够超过金属零件本身的性能，进而改变传统的铸锻造制造模式。随着金属新材料和粘合剂的进一步成熟，这些技术将与陶瓷零件的快速成型技术和复合材料的快速成型技术一起，发展功能多样的零件制造，进而推动 3D 打印技术和 3D 打印技术应用产品的不断发展。

方向三：发展组织与结构一体化制造

3D 打印的一个重大发展方向就是用来打印人体器官组织，进而实现从微观组织到宏观结构的可控制造。比如说，在制造复合材料时，不用将复合材料组织设计制造与外形结构设计制造分开来单独完成，而可以将两个部分合起来进行，进而实现结构体的"设计—材料—制造"的一体化。目前，美国已经在梯度材料结构的人工关节，以及陶瓷涡轮叶片等零件增

材制造的研究方面开展了一些研究，而且已经取得了突破性进展，这使得发展组织与结构一体化制造将在不久的将来得以实现。

精华小结

3D 打印在技术和产业方面都具有明显的优势，很有可能给传统制造领域带来一场革命。美国是世界上 3D 打印的技术和产业发展相对成熟的国家，充分的市场竞争、强大的政府资助、行业协会的长期推动、健全的技术标准、发达的金融支持、强大的市场需求和整合的技术路线等经验都可以为我国 3D 打印技术和产业发展借鉴。虽然，3D 打印在打印速度、材料性能、打印材料成本、成型精度等方面还有待改善，而且在环境、道德、安全等方面还存在一些疑问，但是，随着 3D 打印的技术进步，3D 打印将成为第三次工业革命的引擎，将可能会给人类工业生产模式和日常生活带来颠覆性影响，因此 3D 打印被广泛看好。

第三章 无限可能：3D 打印产业发展分析

太平之世无所尚，所最尚者工而已；太平之世无所尊，所尊贵者工之创新器而已。

——康有为

3D 打印产业的发展现状

3D 打印的产业化于 20 世纪 80 年代中后期产生于美国，而我国的 3D 打印产业出现于 20 世纪 90 年代中期，其技术水平一直紧随世界先进水平，在某些领域甚至处于世界领先水平。但在过去一段时间，我国 3D 打印产业化程度远远落后于美国、欧洲和日本。近十年来，随着我国对于该项技术产业应用的重视，我国的 3D 打印产业也得到了快速的发展。

3D 打印产业的市场现状

1. 全球 3D 打印产业的市场现状

据沃勒斯报告统计显示，近十年来全球 3D 打印产业已经展现出快速发展的态势，见图 3-1。从行业产值的角度来看，其产值从 1993 年的不足 1 亿美元增长到 2012 年的 22 亿美元左右。需要说明的是，这里产值范围的统计仅包括两个方面，一是 3D 打印设备，二是 3D 打印材料以及外包的打印服务，即 3D 打印设备制作的最终零部件。其中 3D 打印服务在历年的产值中均占据了大约一半的份额。如果加上模具以及其他的服务、3D 打印设备制造的中间产品、CAD 模型设计以及设备使用教学等衍生市场的收入，2011 年 3D 打印产业的产值就将近 30 亿美元。

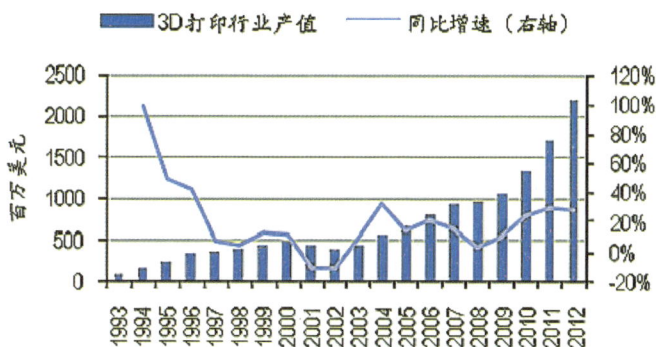

图 3-1 3D 打印产业的产值增长速度

（资料来源：Wohles Associates）

从增长率来看，1993~2011 年 3D 打印行业产值年复合增速为 17.6%，而 2010~2012 年间，3D 打印行业产值年复合增长率达到了 27.4%，进入了一个快速发展的阶段。

从全球 3D 打印设备保有量和累计销售量来看，美国、欧洲、日本占据全球前三位，具有明显的比较优势。根据权威咨询机构沃勒斯 2012 报告显示，2011 年全球 3D 打印产品与服务的销售额 3/4 在美国产生，欧洲各国位居全球第二，占比达到 12%，而日本紧随其后，位居第三。相比欧洲和美国，国内的 3D 打印设备保有量存在很大的差距，截至 2011 年，国内的 3D 打印设备保有量占全球的比重为 8.6%，表明国内推广这一技术的应用还相对缓慢，如图 3-2 所示。

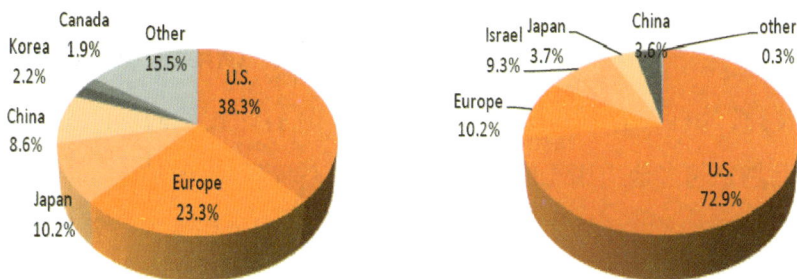

图 3-2 全球 3D 打印设备的保有量（左）和累计销售量（右）区域分布

（资料来源：沃勒斯报告 2012）

而从 3D 打印设备的销售量可以看出，2011 年末，工业级 3D 打印机在全球的销售量是 4.9 万台，美国制造了近 3/4，欧洲各国和以色列的份额分别是 10.2% 和 9.3%，中国生产的设备与日本差不多，占比仅为 2.6%。

但值得注意的是：根据 2011 年的数据，关于 3D 打印设备的出货量，中国已经超过日本，占比提升至 5%。同时，关于这一领域的销售份额，美国具有绝对优势，但美国的份额的确呈现下降态势。从技术应用的角度来看，3D 打印目前可以应用于航空、国防、交通工具、医疗、工业设备、教育、珠宝、建筑和消费者产品市场。具体占比分布见图 3-3。

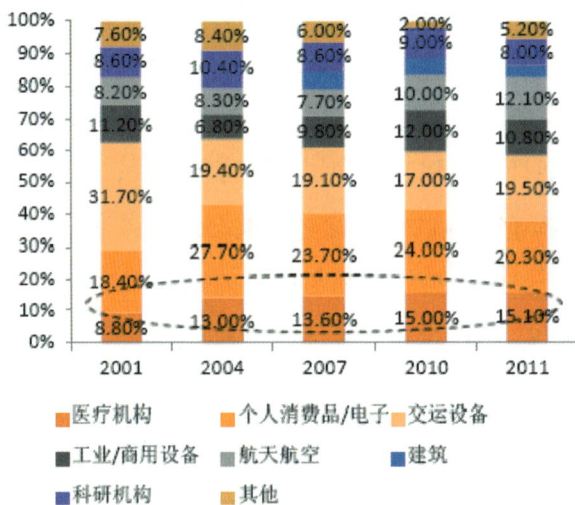

图 3-3　3D 打印设备下游应用行业分布

（资料来源：Wohles Associates）

根据 2011 年沃勒斯报告看出，随着 3D 打印技术的不断发展进步，其产品越来越多地应用于航空、航天和医疗等高附加值的行业，而在交通运输和个人消费电子品领域，3D 打印设备的应用也仍然保持着较高比例。

此外，如图 3-4 所示，3D 打印技术用于直接制造的比例呈现逐年上升的态势。归其原因可能基于两个方面，一是 3D 打印技术具有先天优势，个人创新得到有力促进，逐渐扩大了市场的规模；二是基于 3D 打印技术发展的完善，逐渐扩大适用于传统工业的直接制造领域的范围。

3D 打印用于直接制造的比例

图 3-4 3D 打印用于直接制造比例逐步提升

（资料来源：Wohles Associates）

从产品结构来看，国外对于个人应用和工业应用同样重视，基于沃勒斯 2011 年报告的统计数据来看（如图 3-5），在 2011 年，个人 3D 打印设备的销售量为 23265 台，增长率约为 289.2%，同期工业用的 3D 打印设备销售 6494 台。

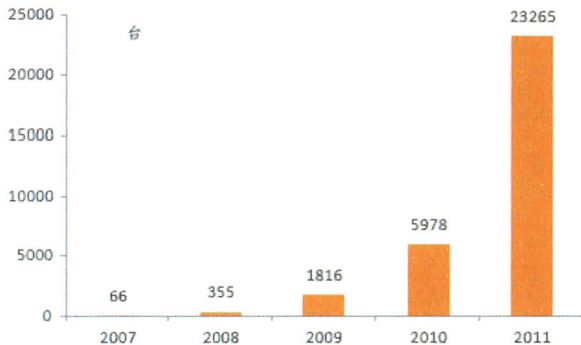

图 3-5 个人 3D 打印设备消费迅速膨胀

（资料来源：Wohles Associates）

从公司的角度来看，在目前全球主要的 3D 打印公司中，3D Systems 和 Stratasys 公司两大巨头组成了第一梯队，生产了全球半数以上的 3D 打印机；EOS 和 Envisiontec 等公司则在各自领域（如原料设备等）都有较突出表现，成为了第二梯队；此外还有众多提供服务或尚需引进技术设备的发展中小型企业构成第三梯队。

3D Systems 和 Stratasys 公司，两者均成立于上个世纪 80 年代。1986 年，查尔斯·胡尔 (Charles W.Hull) 开发出了光固化技术（SLA），并成立了 3D Systems 公司。1989 年，斯科特·克伦普 (Scott Crump) 开发出了熔融沉积成型（FDM）技术，并依此设立了 Stratasys 公司。此后，两家公司又通过并购和研发获得了一些新型技术专利，真正成为 3D 打印产业的龙头企业。

两家公司在全球 3D 打印市场中的统治地位主要体现在专业 3D 打印机领域，两者合计就占据了 2010 年全球专业打印机销量份额的 74%，其中 Stratasys 占 56%，3D Systems 占 18%，见图 3-6。除此之外，作为个人打印机市场龙头企业的 3D Systems，2010 年出货量统计为 2500 台（占个人打印机全球销量的 42%）。而专注于专业打印机生产销售的 Stratasys 则没有将生产销售重点放在个人打印机终端。

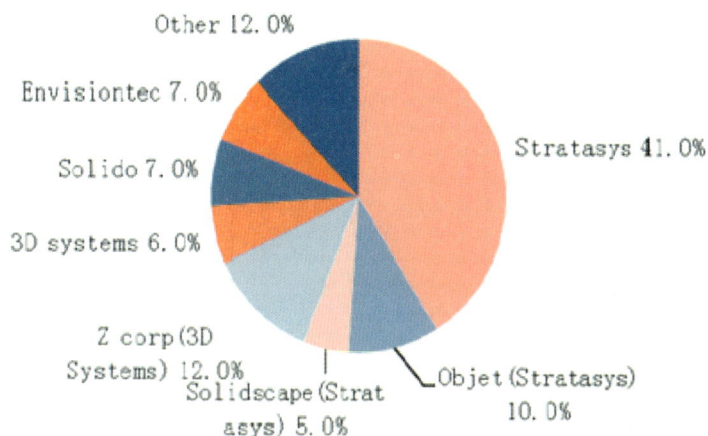

图 3-6 2010 年全球 3D 打印产业主要公司的市场份额

（资料来源：Wohles Associates）

　　Stratasys 和 3D Systems 不同还在于发展模式上。3D Systems 主营业务除打印机系统生产销售之外，还主打 3D 打印材料以及 3D 打印服务两个业务。从营业业绩上来看，三项业务基本上平分秋色。Stratasys 在业务上很少涉及 3D 打印服务，而是更加专注于打印机系统的销售。此外，在公司扩张策略运用上，3D Systems 偏好于强力并购的发展模式，主要通过并购获取其它技术专利，同时将自己的业务范围逐步从专业打印机领域扩展到个人打印机领域（如收购 BfB 等），进而加强自身的服务业务（如收购 Shapeway 等）。而 Stratasys 很少进行并购行动，业务更是一直专注于专业打印机只是辅以少量服务而已。3D Systems 和 Stratasys 的并购历史见表 3-1。

表 3-1 3D Systems 和 Stratasys 并购历史

2010	Moeller Design & Deve	3D Systems
	Desige Prototyping Te	3D Systems
	CEP	3D Systems
	Protometal	3D Systems
	Express Pattern	3D Systems
	Bits From Bytes	3D Systems
	Provel	3D Systems
2011	Solidscape	Stratasys
	National RP Support	3D Systems
	Quickparts	3D Systems
	ATI	3D Systems
	Sycode	3D Systems
	Print3D	3D Systems
	The3Dstudio.com	3D Systems
	Freedom of Crestion	3D Systems
	Vidar	3D Systems
	Z Corporation	3D Systems
2012	Objet	Stratasys
	My Robot Nation	3D Systems
	Bespoke	3D Systems
	Paramount industries	3D Systems
	Freshfiber	3D Systems
	Viztu Technologies	3D Systems
	The innovative Modelmakers	3D Systems
	Innus Technology Inc	3D Systems
2013	Geomagic 3D Systems	3D Systems
	Co-web	3D Systems
	rapidform	3D Systems

　　3D Systems 最初并不涉足个人打印机生产销售而仅生产专业和工业级别的打印机，此后通过并购个人打印机生产销售企业如 Z.Corp、Vidar，开始涉足个人打印机领域。3D Systems 最初依靠光固化技术（SLA）起家，紧跟其后又通过并购和研发获得了关键技术，如激光选择性烧结、熔融堆积、多喷头三位打印（MJM）等技术。

3D Systems 的产品无论是个人领域还是专业领域都很多，个人打印机包括 Cube、ProJet1500 等，专业打印机包括 ProJet 3500 3D、ProJet 7000 等，工业打印机包括 sPro，iPro 等系列产品，见图 3–7。3D Systems 公司 2012 年实现营业业务收入为 3.54 亿美元，与 2011 年相比，收入增加了 53.5%，实现毛利润高达 181.2 亿美元的收入，与 2011 年相比增加 66.2%。

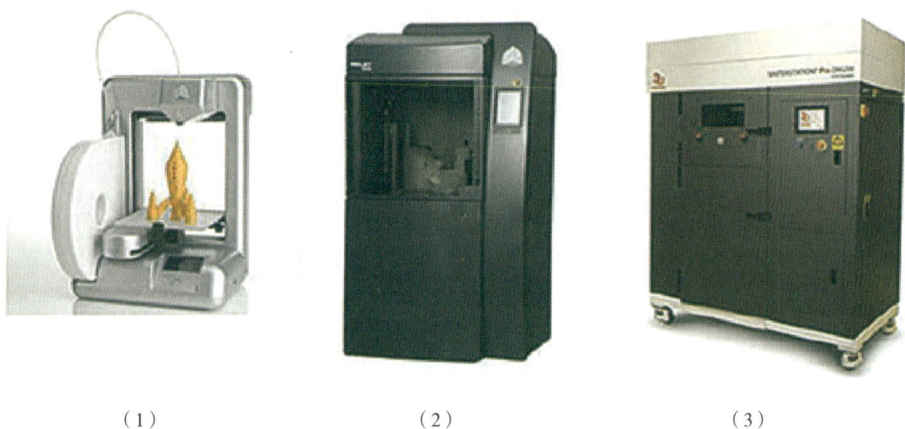

|（1）|（2）|（3）|

（1）个人 3D 打印机 Cube；（2）专业 3D 打印机 Projet 7000；（3）工业级打印机 sProcket250 Direct Metal

图 3-7 3D Systems 生产的打印设备

　　3D Systems 和 Stratasys 作为两家龙头企业可看做 3D 打印行业发展的风向标。目前，欧美龙头企业领跑 3D 打印市场，2012 年 3D Systems 和 Stratasys 的产值已稳占全球 3D 打印行业收入规模的 25.81%；同时从工业级打印机的出货量来看，Stratasys（加上最近合并的 Solidspace 和 Objet）、3D Systems 等的出货量份额高达 75%，见图 3-8、3-9。因此说，在行业数据极其有限的情况下，可以将这两家龙头企业的发展状况看作是我们观察 3D 打印行业动向的风向标。

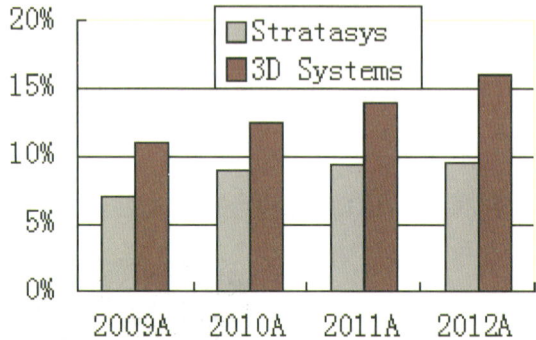

数据来源：Wohlers Associates，公司公告，安信证券研究中心

图 3-8 两家龙头企业的市场份额逐年提升

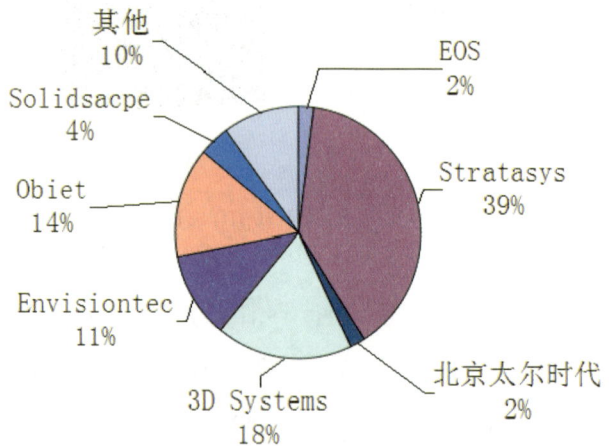

数据来源：Wohlers Associates，公司公告，安信证券研究中心

图 3-9 两家龙头企业在工业打印机出货量方面占绝对优势

Stratasys 公司作为全球最大的专业及工业级 3D 打印机生产商，截止 2012 年底，Stratasys 总共实现销售 3D 打印设备 29816 台。其中，2012

年 Stratasys 实现销售 3D 打印设备 3357 台，与 2011 年的 2602 台相比销量增加了 29%。虽然 2009 年受到了金融危机的影响，但 Stratasys 在这之后，主营业务收入及利润均呈现大幅度上升，年复合增长率高达 16.7%。2012 年 Stratasys 收入高达 2.15 亿美元，与 2011 年相比大幅增长 38%，毛利润也增长 33.4%，达到 1.09 亿美元。

众所周知，Stratasys 公司靠熔融堆积技术（FDM）起家，开发了 uPrint、Dimension 和 Fortus 等几个品牌的系列产品。2011 年 Stratasys 又收购了 Solidscape，获得了该公司 DoD 核心技术及其一系列产品经营权。2012 年 12 月，Stratasys 实现了与以色列公司 Objet 合并，又继承了 Objet 公司利用 Polyjet 技术生产的系列产品经营权。现在 Stratasys 公司在世界各国拥有 500 多个专利，涉及多个领头专业及工业级打印机生产商，其主要产品见图 3-10。

Design 系列的 Objet 500 Connex   Production 系列的 Fortus 900mc

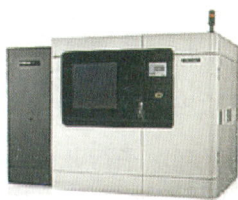

Design 系列的 Dimension 1200es   Idea 系列桌面级打印机 MoJo

图 3-10 Stratasys 产品展示

按照用途及容量，Stratasys 的打印机产品可以划分为 Idea、Design 和 Production 三个系列。Idea 系列主要提供桌面级的专业打印机，容量最小，旗下包括 MoJo 和 uPrint 两个品牌，均采用成熟的熔融堆积（FDM）技术，主要功能用于教学以及建立概念模型等。Design 系列主要包括合并前 Stratasys 的 Dimension 家族系列产品和 Objet 公司的多个产品，主要功能用于快速建模和企业的设计研发过程，主要有 Dimension、Connex、Eden 和 Desktop 共四个品牌。其中 Dimension 品牌产品采用传统的熔融堆积技术，使用材料是 ABS 塑料，打印出的产品韧性强度都很高，主要用于产品研发环节的适合度和功能检验；另外三个品牌则主要采用 Objet 公司的 Polyjet 技术，打印出的产品具有精确度比较高，表面极其光滑，能够精确地打印出构造较复杂的产品等优点，从容量上来看，Connex 的容量最大，Eden 次之，Desktop 最小。Design 旗下 Production 系列的产品可以应用于工业生产成品零件，主要包括 Fortus 和 Solidscape 两个品牌，采用新兴堆积熔融技术的 Fortus 打印机拥有最大容量和最多的材料选择，以最大的 Fortus 900mc 为例可以精确打印出直径近 1.4 米的零件，而采用原 Solidscape 公司的 DoD 技术更专注于消费和电子行业高精度零件的生产。

从发布的 2013 年中报业绩来看，3D Systems 实现了 37.97% 的环比增长，与此同时，Stratasys 则实现 115.84% 的环比增长。但实际上，无论是 3D Systems 还是 Stratasys 较高的增速很大程度上都来自于收购并购的影响。我们以 3D Systems 为例（见图 3-11），最近三年中报的收入增速分别为 54.3%、56.8% 和 38%，但如果剔除收购并表的影响，其内生增速仅分别为 24.3%、22.8% 和 26.3%。我们再看 Stratasys，它 2012 年底收购以色列著名 3D 打印公司 Objet 的并表因素导致中报大增 116%，公司发布的二季度业绩快报也显示表明，二季度同比内生增速仅为 20% 而已，见图 3-12。

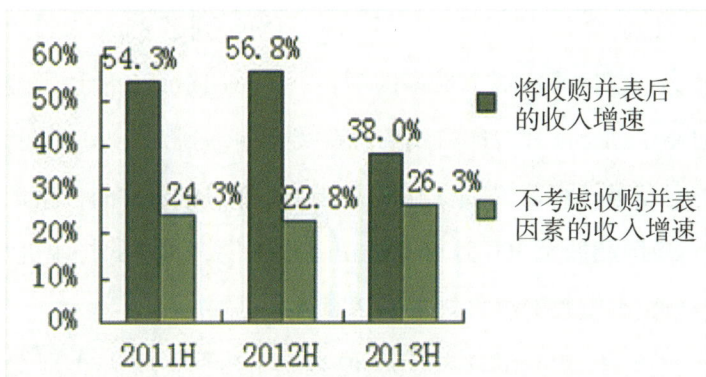

数据来源：Wohlers Associates，公司公告，安信证券研究中心

图 3-11 3D Systems 连续三年的中报收入增速

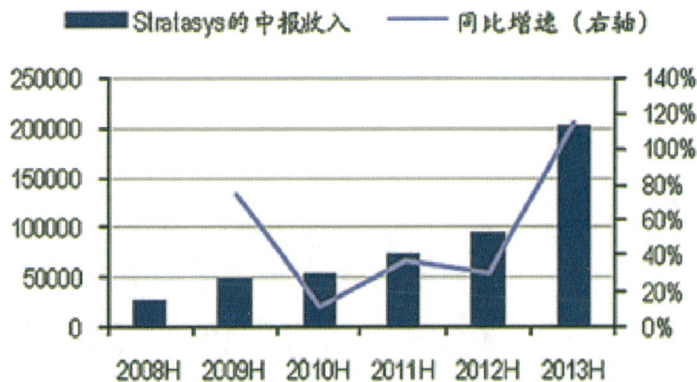

数据来源：Wohlers Associates，公司公告，安信证券研究中心

图 3-12 13 年收购的 Objet 并表使 Stratasys 中报大增

　　还有一些其它具有全球影响力的 3D 打印领域的公司。例如，一些从事个人打印机制造的公司也取得了不错的市场反应和销售收入。Printrbot 是美国人 Brook Drumm 于 2011 年末创立的打印机生产项目。项目的创始资金是通过创意方案的众筹网站平台 Kickstarter 募集的，

从 2011 年 11 月 17 日到 12 月 27 日短短一个月时间便接到了 830827 美元的资金，是 Kickstarter 当时募集资金最多的项目。Brook Drumm 设计了最简单最容易组装的 Printrbot 系列打印机组件，购买者用不到一个小时的时间便可以用购买的全套组件组装成一台打印机，一套打印机组件的价格最高不超过 800 美元，最低能低至 300 美元。Printrbot 也提供组装好的打印机，价格大约要比同一型号未组装的组件贵 150~200 美元。

截止到 2013 年 6 月，Printrbot 共有 4 种型号的打印机，分别是 Printrbot Simple（图 3-13 左图）、Printrbot Jr（图 3-13 右图）、Printrbot LC 和 Printrbot Plus，其中卖得最好的是 Printrbot Jr（全套组件售价 400 美元）。打印机都是采用熔融堆积技术。2012 年项目第一年公司就卖出了 3000 台的打印机，销售额达到 100 万美元，绝大多数的销售来自 12 月和 2013 年 1 月这两个月。Printrbot 将目标对准学校，是希望让更多学校使用它们的高性价比 3D 打印机。

Printrbot Simple　　　　　Printrbot Jr

图 3-13 Printrbot 生产的 Printrbot Simple 和 Printrbot Jr

MakerBot Industries 公司自 Bre Pettis 于 2009 年在纽约创立以来就一

直遵循迅速扩张的轨迹。从 2009 年到 2011 年公司占据了 16% 的 3D 打印机市场份额。在 2011 年，Makerbot 拥有 21.6% 的市场份额，到 2012 年，MakerBot 估计它的份额已经跃升到 25% 以上。目前，世界上有超过 15000 台 MakerBot3D 打印机。MakerBot 2011 年 8 月从投资者那里融资了 1000 万美元，其中包括亚马逊的创始人杰夫·贝索斯得。MakerBot 现在主推的产品是 Replicator 2（售价 2199 美元）和高级版的高端产品 Replicator 2X（售价 2799 美元），打印出的产品已经能达到非常高的精度，可以实现非常复杂的物品打印。

Type A Machines 则是美国一家 2012 年刚刚成立的 3D 打印机生产公司。公司现有机型 Series 1，售价 1695 美元，被《Make》杂志评为中等型号的最佳个人打印机。公司发展迅猛，仅 2012 年 1 月份 Type A 就卖出超过 100 台 Series 1 打印机，发展潜力很大。

波兰的 Trinity Labs 公司创立于 2011 年，制造的是 RepRap 打印机。2012 年公司卖出了 MendelMax 型 3D 打印机的 350 个工具包，但是由于组装打印机需要 400 个零部件，这款机型很难让消费者接受。2013 年 1 月 Trinity Labs 开始卖 Aluminatus 型 3D 打印机，拥有 320mm x 320mm x 350mm 打印容量，这是目前市场上构建容量最大的 3D 打印机，售价仅为 2200 美元。

以 Shapeways 为代表的是专注服务模式的公司，该公司通过社交网络将"全价值链"搬到线上，并不直接出售打印机。通过网站的注册，用品可以购买现有的 3D 设计图，也可以将自己的产品进行设计上传到网站，对原材料进行选择和购买，然后就可以下单，打印出来的成品就由公司送货上门。

2. 中国 3D 打印产业市场现状

相比全球市场而言，中国区市场规模目前还偏小。2012 年，全球 3D 打印的市场规模达到 22 亿美元，如图 3-14 所示，中国 3D 打印市场规模只有 3 亿美元左右，占比约 10%。但是，在近年中国有希望跃升为全球最大的 3D 打印市场。亚洲制造业协会首席执行官、中国 3D 打印技术产业联盟秘书长罗军表示，未来三年内，中国的 3D 打印市场可能由当前的 3 亿美元上升至 20 亿美元。美国沃勒斯公司作为全球 3D 打印产业的权威研究机构，其总裁特里·沃勒斯在会上也表示，中国的 3D 打印市场具有很大的潜力，但中国离全球相关最大市场还有一段距离，还需要较长时间才能达到这个目标。

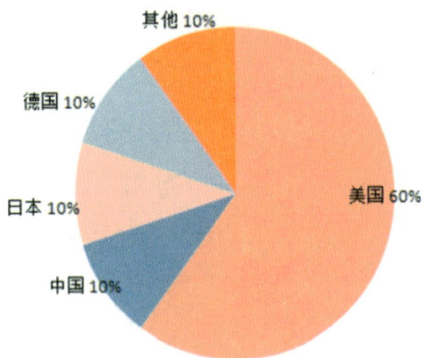

图 3-14 2012 年全球 3D 打印收入分布

从技术发展的角度来说，如前所述，国内的技术发展水平其实并不落后于国外，某些领域甚至处于世界领先水平。但从产业化的程度来看，国内产业化程度较低。

国内主要有两类产业化平台，第一类的发展模式是"产学研"共建，依托高校和科研机构，即高校系。武汉滨湖机电技术有限公司、陕西恒通智能机械有限公司、北京太尔时代科技有限公司以及北京殷华激光快速成型与模具技术有限公司都是代表性的公司。第二类公司主要是依托海外技术背景，如北京隆源、湖南华曙高科公司，即海归系。

20世纪90年代中期，中国进入快速成型设备使用和3D打印技术产业化的第一个高潮，一些大型电子设备厂商、汽车厂商开始"尝鲜"，涌现出了一批以高校为代表的企业。

1992年清华大学研制出了国内第一台快速成型设备，1993年产学研项目，即北京殷华公司成立。公司研发力量主要依托清华大学激光快速成形中心，该中心拥有博士生导师2人、教授4人、博士25人、硕士15人的强大科研队伍，使公司科研水平在同行业得以保持高水平。同时，公司也非常注重科研成果商品化，在上海，广东建立了分支机构，在韩国设有代理机构，形成了较为完备的销售及服务体系。

1993年，宗贵升回国，其主修激光快速成型，与隆源实业在中关村合作创办隆源自动成型系统公司，与高校企业开始探索中国3D打印的发展以及未来趋势。截止2013年2月，隆源公司已经销售出了256台打印设备，收入近1900万元，其中销售机器近1100万元。北京隆源自动成型系统有限公司是独立于高校体系外不多的行业先驱。

华中理工大学也在1996年成立自己的快速成型企业——武汉滨湖机电技术产业有限公司。华中理工大学1991年开始快速成型技术的研究，1994年成功开发薄材叠层快速成形系统样机HRP-I，这是我国第一台快速成型装备。公司以华中科技大学快速制造中心为依托单位，生产LOM、

SLA、SLS、SLM 系列产品并进行技术服务和咨询，是目前国内生产快速制造装备品种最多的单位，所开发生产的大型激光快速制造装备具有国际领先水平，先后获得国家科技进步二等奖，2011 年国家技术发明二等奖等多项权威奖励，该技术被评为 2011 "中国十大科技进展"。2013 年，成功开发出工作台面 1.4m×1.4m 四振镜四激光器选择性激光粉末烧结装备。

以西安交大先进制造技术研究所为技术支持的陕西恒通智能机器有限公司，1997 年研制并销售出国内第一台光固化成型机。公司作为教育部快速成型工程中心的产业化实体，注册资金为 2796 万元。主要研制、生产和销售各种型号的激光快速成型设备、快速模具设备以及三维反求设备，同时从事快速原型制作、快速模具制造以及逆向工程服务。

迈入 21 世纪，快速成型制造被国家列入高职教育的培养方案，掀起教育界对此类设备的采购热潮，滨湖和殷华等企业得到成长的空间。

目前，北京殷华、北京隆源、武汉滨湖机电和陕西恒通等企业的客户遍布医疗、泵业、航天、机械、发动机、船舶、汽车等行业，其中包含诸多知名企业如凯泉泵业、山河智能、玉柴和东风汽车等。

2003 年，太尔时代公司由北京殷华公司的几个管理者创办，初期为主的是以生产十万元到五十万元工业级设备。2010 年太尔时代开始生产桌面级设备，已经累计出口近 4000 台名为 "UP!" 的产品。根据美国咨询公司 Wohlers Associates 的报告，太尔时代 2011 年 5000 美元以上级别的 3D 打印设备销售量在全球排第七名，占全球总销量的 4%。基于公司总经理郭戈的介绍，虽然有开源技术，但许多自主技术在其桌面级已经应用，尤其是软件方面都有自主开发。

目前全球可以实现激光快速成型飞机用钛合金承力结构件的机构屈

指可数，北京航空航天大学王华明教授团队即是其中之一。下游大型铸锻件的加工制造是北航团队产业化的突破口，2010年和2012年与中航重机、南风股份合作分别成立子公司。基于核电火电和军工航天行业的优势，通过与这两个伙伴合作，对未来的需求进行锁定。对于合作的项目，两家公司的投资都较大，规划至2015年分别达到5亿元的体量。

2011年7月，以西北工业大学凝固技术国家重点实验室为技术依托的西安铂力特激光成形技术有限公司成立，它是西北工业大学科技成果转化的重要基地之一。公司注册资金约4000万元，现有员工50余人，其中研发人员30余人，具有高级技术职称或研究生以上学历达20余人。公司主要从事高性能致密金属零件的激光立体成形制造，以及金属零件的激光修复再制造，涵盖各种钛合金、高温合金、不锈钢、模具钢、铝合金等材料，公司拥有各种激光成形及修复设备10多套，激光器功率涵盖300W ~ 8000W。公司拥有授权的中国发明专利12项，其中国防发明专利1项，实用新型专利5项，计算机软件著作权2项。

湖南华曙高科技有限责任公司（Hunan Farsoon High-Technology Co., Ltd）由全球增材制造技术专家许小曙博士 [AMUG协会（Additive Manufacturing Users Group）亚太区理事、AMUG协会终身成就奖获得者、R&D100奖获得者] 于2009年创办，是工业级3D打印技术的领航企业。公司专业从事选择性激光烧结（SLS）设备制造、材料研发生产和加工服务，服务于汽车、军工、航空航天、机械制造、医疗器械、房地产、动漫、玩具等行业。公司集合了一批具有国际一流水平的从事增材制造、高分子材料、计算机软件、机械制造等行业拥有丰富经验的专家及海外留学归国人才，组成了具有行业领先水平的技术研发与生产团队。

2012 年，公司研制出高端选择性激光烧结尼龙设备，成为继美国 3D Systems 公司、德国 EOS 公司后，世界上第三家该项设备制造商；同时，华曙高科成功研制出选择性激光烧结尼龙材料，成为继德国 Evonik 公司后，世界上第二家该类材料制造商；华曙高科是一家既制造设备，又生产材料，还从事终端产品加工服务，独立构成了选择性激光烧结技术（SLS）完整产业链的企业。

2012 年以来，随着 3D 打印应用前景逐渐明朗，资本市场上对其关注程度也越来越高，主要上市公司介绍如下（资料来源百度百科）：

（1）银邦股份（300337）：飞尔康成立 3D 打印轻金属研发中心

2012 年 8 月 15 日，《关于合资成立飞尔康快速制造科技有限责任公司的框架协议》由该公司与无锡安迪利捷贸易有限公司签订，无锡安迪利捷贸易有限公司实际控制人是吴鑫华。公司主要经营高精度粉末冶金零件、医疗器械零部件、粉末材料、高密度、各类新材料与复杂部件的研发、生产、销售、技术服务和咨询业务；飞尔康主营业务中仅有部分产品涉及到激光快速成型技术。

2013 年 6 月 14 日，公司公告中澳轻金属联合研究中心（3D 打印）成立。2013 年 6 月 9 日，飞尔康快速制造科技有限责任公司、中国科技部国际合作司与澳大利亚驻华大使馆共同为"中澳轻金属联合研究中心（3D 打印）"揭牌，宣告中澳轻金属联合研究中心（3D 打印）正式成立。在中国国务院副总理刘延东和澳大利亚总理吉拉德共同出席澳大利亚政府举行的中澳建交 40 周年活动时，中澳轻金属联合研究中心（3D 打印）续签的《关于科学与技术合作的谅解备忘录》是活动的内容之一。中国和澳大利亚双方科技部为此研究中心的挂牌提供了大力支持；中澳轻金属研究和开发方面的知名专家和学者在研究中心汇集，对于轻金属的研发，更高层次的创新发展平台被搭建，双方在金属 3D 打印领域的设计研究工作得到持续深化，新一代轻合金材料及添加材料制造技术的工艺和方法得到建立，轻金属的持续发展获得强有力的推动。

（2）海源机械（002529）：两款 3D 打印机接受客户预订

2012 年 12 月 24 日，《建立"海源 3D 打印制造实验室"合作意向书》由公司与昆山永年签订，昆山永年设计并制作 3D 打印试验平台、并提供技术支持与培训。签订《意向书》主要目的是开展对复合材料、硅酸盐和陶瓷等材料 3D 打印制造工艺技术的研究合作。2013 年 3 月 7 日，《3D 打印成形平台购销合同》由海源机械与江苏永年激光成形技术有限公司、昆山永年先进制造技术有限公司签订，合同总金额 241 万元，最终交货时间为收到预付款之日起 5 个月、调试周期为 3 个月。"3D 打印制造实验室"所需的硬件平台建设和相关人员培训将由公司启动以及建立，在购买的设备顺利交付、投入使用之后，公司的基础条件如复合材料、瓷、硅酸盐等材料，3D 打印制造工艺技术研究等都将会具备，公司"3D 打印制造实验室"也将顺利建成和投入运转。

昆山永年先进制造技术有限公司成立日期为 2012 年 3 月 28 日，法定代表人颜永年，注册资本 100 万元，经营范围包括先进制造技术和重型装备、工业机器人、微滴技术、激光加工技术、激光成形技术、机械预应力技术与装备、快速制造和快速成形技术与装备等；江苏永年激光成形技术有限公司成立日期为 2012 年 12 月 13 日，法定代表人颜永年，注册资本 2500 万元，经营范围包括 3D 打印技术、激光成形技术、电子束成形技术、工业机器人技术等；昆山永年持有江苏永年 60% 的股权。

在 2013 年 6 月 14 日，海源机械第二届董事会第二十一次会议审议通过了《关于投资设立参股子公司福建海源三维打印高科技有限公司以及涉及关联交易的议案》。为了推动公司在该技术上的工艺研究及应用，计划与福州昌晖自动化系统有限公司、高群、林晓耕、雷远彪、张益晗等五方签订《关于合资成立福建海源三维打印高科技有限公司的协议》。海源机械计划使用自有资金出资 450 万元，占福建海源总股本的 45%；技术及管理团队成员高群、林晓耕、雷远彪、张益晗等四方出资总额为 510 万元，该团队占 51% 控股地位，先拿出 102 万现金出资，其余以其共同拥有的专利与非专利技术的知识产权来作为出资。

2013 年 6 月 18 日，在第十一届中国海峡项目成果交易会上，当年 5 月份研制出的两款工业用和家庭用 3D 打印机样机由公司及海源三维打印公司联合展出。公司与意向客户深入沟通交流了相关 3D 打印机业务，个人客户的家庭用 3D 打印机意向订单已经被海源三维打印公司接到。本次展示的 HY–FDM695 打印机是福建首台超大型工业级 3D 打印机，每台价格为 25.8 万元，还有一款家用 3D 打印机，每台价格为 0.98 万元。

（3）机器人（300024）：激光快速成型系统实现销售

2013 年 1 月 25 日，公司发布"关于激光快速成型系统（3D 打印）业务说明的公告"，从 2002 年公司就开始接触快速成型技术，成熟应用在汽车零部件的逆向工程中。由于积累了长期的经验，快速成型技术的原理基本被公司掌握，通过快速成型技术的应用，设计了第一代自有品牌机器人的产品外观，并进行评估。2007 年，公司掌握了激光熔覆关键技术，高功率激光装备业务得到重大的突破，成功将业务范围拓展到激光再制造领域。2011 年末，激光快速成型系统中数控机床的设计工作由公司完成，公司开发了数控控制系统和数控机床的运动系统，并研究了熔覆质量、保护气体和保护方法。2012 年三季度末，激光切割、激光熔覆、激光打标、激光加工以及激光显示业务快速发展，丰富了激光产业链，公司在此方面具备一定的优势，比如依托激光加工工艺技术，使得激光发展的前沿技术能够持续开发，可研制出激光快速成型设备。此设备主要应用于航空航天、船舶等高端装备制造领域，具有较高的成本。

当前，公司已经拥有一般激光 3D 成型技术（激光 3D 打印机技术）和国际领先的激光快速直接成型制造技术。激光 3D 打印机技术成型的零件用于新产品外观验证、设计验证、新产品样件、功能验证和工程分析等；而国际领先的激光快速直接成型制造技术即直接或间接制造具有完全使用功能的零件。公司在加工头、保护气氛、在线检测、送粉控制、激光器、分层软件、过程监控和成型后处理等各个环节中拥有自己的核心技术。对于航空航天领域的多个主承力构件和发动机叶片项目，公司成功为其提供激光快速成型设备。2012 年末，关于激光快速成型系统和相关业务，公司合同累计金额超过 5000 万元。

（1）中航重机（600765）：激光快速成型技术产业化正常推进

在 2010 年 10 月 8 日，公司第四届董事会第六次临时会议审议通过了《关于投资激光快速成形项目的议案》，同意公司与中航投资、沈阳万家利车轮制造有限公司三家公司以现金或实物资产出资组建中航沈阳先进制造有限公司；在 2010 年 12 月 20 日，经沈阳市工商局注册登记，中航（沈阳）高新科技有限公司成立，注册资本为 15295 万元，公司以现金形式出资 5000 万元（32.69%）、中航投资以现金形式出资 3000 万元（19.61%）、万家利以厂房土地等实物和无形资产出资 7295 万元（47.7%）。中航投资是公司的关联方，公司持有中航高新的 32.69% 股权，行使实际控制人权利。

2011 年 7 月 18 日，第四届董事会第十二次临时会议审议通过《关于公司与控股子公司中航（沈阳）高新科技有限公司对外投资设立激光项目公司暨关联交易的议案》，同意公司与王华明及其研发团队、中航投资控股有限公司、北京北航资产经营有限公司和北京工业发展投资管理有限公司共同投资，成立中航激光成形制造有限公司。2011 年 12 月，由北京市工商行政管理局核准，中航激光完成工商注册登记手续，领取了营业执照。中航天地激光科技有限公司为中航激光的最终名称，注册资本是 10000 万元，其中中航高新持股 31%、北航资产持股 10%、公司持股 20%、王华明及团队持股 30%（王华明个人 25%）、中航投资持股 5%、北京工业投资持股 4%。中航激光为公司的控股孙公司。

按照当初规划，"激光快速成形项目"注册资本金为 1.54 亿元，科研费拨款 1 亿元，无银行贷款；项目 2012 年投产，预计 2012-2015 各年营业收入 1.74 亿元、2.32 亿元、2.9 亿元、5.8 亿元，2020 年预计营业收入 23 亿元，2025 年预计营业收入 40 亿元。按照公司 2012 年披露的年报，中航天地激光科技有限公司完成了管理团队组建、关键岗位招聘等基础工作，项目一期厂房代建工作即将完成，军品生产资质、北航无形资产出资等关键工作正常推进；2012 年实现营业收入 437 万元，实现利润总额 15 万元，实现净利润 8 万元。

2013 年 1 月 18 日，公司公告，由于钛合金大型复杂整体构件激光成形技术研究的卓越成就，王华明教授获得 2012 年度国家技术发明奖一等奖，于当日在人民大会堂接受颁奖。此奖项高度赞扬了王华明教授本人的科学成就，同时也从国家层面，充分认可了中航天地激光科技有限公司拥有的激光快速成形这项创新型工艺技术。

中航投资（600705）的股东是中国航空工业集团公司，是公司的关联方，直接持有中航激光 5% 股权，间接通过参股公司中航高新（参股 19.61%）持股中航激光 31% 股权。2013 年 6 月 21 日，中航投资公告：为推进激光快速成形技术产业化进程，单方面增资为 1011.68 万元，其中 1000 万元计入注册资本金，11.68 万元计入资本公积金。本次增资完成后，中航投资有限公司直接持有天地激光的 13.74% 股权，并间接持有天地激光的 5.53% 的股权（按照持股比例套算），合计持有天地激光 19.16% 的股权。

（5）南风股份（300004）：重型金属构件电熔精密成型技术正在研发

2012 年 8 月 24 日，南风股份第二届董事会第八次会议审议通过了《关于控股子公司 < 重型金属构件电熔精密成型技术产业化项目可行性分析报告 > 及对其投资的议案》。南风股份控股子公司，即佛山市南海南方风机研究所有限公司（后改名为"佛山市南方增材精密重工有限公司"），为进一步增强南方风机研究所在新技术、新材料和新工艺方面的整体实力，提升企业品牌和市场竞争能力，决定投资"重型金属构件电熔精密成型技术产业化项目"。项目将以国家核电、化工、火电、船舶等重大工业装备制造领域的蓬勃发展为契机，重点研究和开发重型金属构件制造新技术及产品。项目总投资为 16760 万元，由公司自筹资金；建设期 2 年，第一年产能按正常产能 40% 计算，生产运行期第二年产能按正常产能 80% 计算，生产运行期第 3 年产能达到正常生产产能 100%，正常每年生产电熔精密成型重型金属构件产品约 3500 吨，预计正常生产实现年销售收入 5 亿元，净利润 1.217 亿元。

根据公司 2012 年报，佛山市南方增材精密重工有限公司作为控股子公司，正在按计划分步骤、分阶段地进行"重型金属构件电熔精密成型技术产业化项目"，经过研发团队的大量前期研究，在项目工程化关键技术上已经取得了一定突破性进展，完成了直径大于 2m、重量超过 10 吨的低合金钢重型构件缩比件的电熔精密成型制造；同时，对于重型金属构件批量产业化大型成套装备系统，掌握并完成了其设计及优化。2012 年，南方增材实现营业收入为 41.4 万元、净利润为 −67.25 万元。

2013 年 5 月 22 日，公司就控股子公司"重型金属构件电熔精密成型技术产业化项目"说明如下：公司控股子公司佛山市南方增材精密重工有限公司，正在实施的"重型金属构件电熔精密成型技术产业化项目"处于研发阶段。基于该项目具有很高的技术含量，存在不确定的产业化实施，预计对 2013 年的业绩不会发生较大的影响。

3D 打印的产业链分析

从 3D 打印产业链构成的角度看，产业链的上游包括精密机械、数控技术、信息技术、材料科学和激光技术，产业链中游主要包括 3D 打印设备的生产，产业链的下游主要有三维模型设计服务和打印产品应用。

1、国外 3D 打印产业链分析

3D 打印设备的真正商业化开始于 20 世纪 80 年代，凭借雄厚的基础工业实力，国外已经构建了较为完整的 3D 打印产业链，且在产业链的上、中、下游均有不同级别的企业满足不同层次的需求，见图 3–15。

其中，在产业链上游，3D 模型扫描硬件设备以 FARO 公司和 Steinbichler 公司作为代表；3D 模型生成以 INUS 公司和 Geometry 公司为代表；数据通信以 GrabCAD 公司为代表；3D 模型设计软件以 Autodesk 公司为代表，其对软件进行了相应的开发以及完善以支持三维设计；在数据

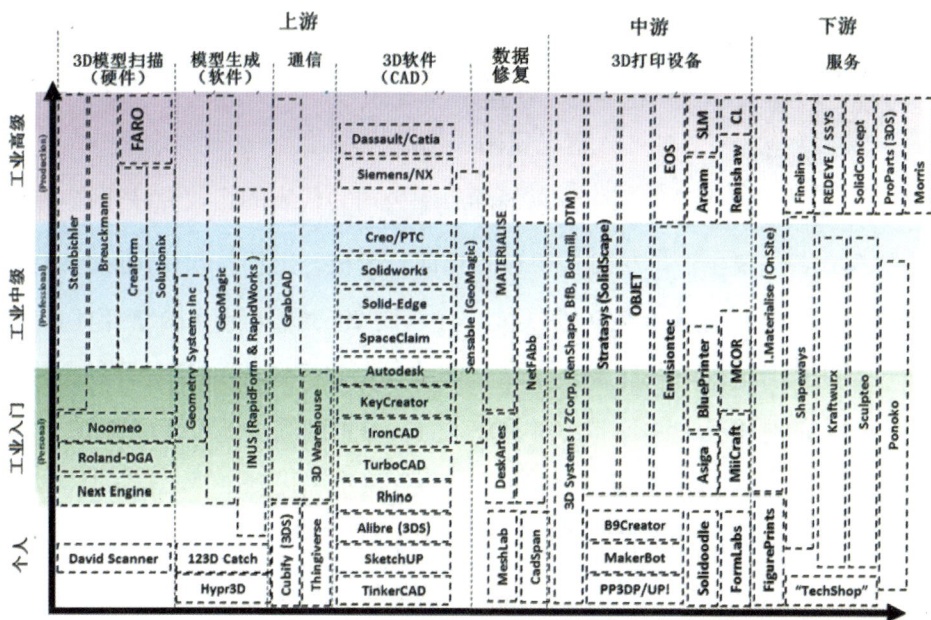

		上游				中游	下游
3D模型扫描（硬件）	模型生成（软件）	通信	3D软件（CAD）	数据修复	3D打印设备	服务	

（数据来源：Tranpham）

图 3-15 国外 3D 打印产业链

修复领域，以 MATERIALISE 公司和 NetFAbb 公司为代表；在材料领域，以巴斯夫、杜邦和亨斯迈先进材料公司等为代表；中游的 3D 打印设备领域，以 3D Systems 公司和 Stratasys 公司为代表；下游服务领域以 Shapeways 公司为代表。产业链上各个公司分工明确，保证整个产业上各项关键技术的良性发展和转化。另外，每家公司根据自己企业发展需要可以选择不同的发展模式，比如以 3D Systems 公司为代表的全价值链模式。

3D Systems 陆续收购了 25 家公司来补充产品线和提升技术实力，其

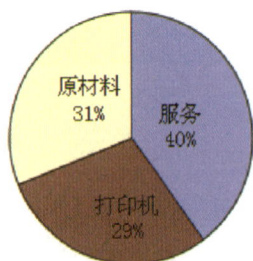
图 3-16 2011 年 3D Systems 各
业务收入

公司包括了从产业链上游的材料、信息，中游的设备制造到下游的具体服务，对于客户，能够提供"一站式"全套增值解决方案，包括软件、硬件、材料、工艺、教育培训和应用支持，其各业务收入情况见图 3-16。

以 Stratasys 公司为代表的企业专注于产业链中游模式，主要生产增材制造，包括桌面打印机、工厂打印机和办公室打印机。2011 年公司收入 1.56 亿美元，净利润 2063 万美元。2012 年 4 月，以色列 3D 打印巨头 Objet 被 Stratasys 收购，合并后具有 14 亿美元的市值，并开始向产业链上下游延伸，对 3D Systems 公司的霸主地位形成挑战。

2. 中国 3D 打印产业链分析

目前，国内的 3D 打印企业还处于"单打独斗"的初步发展阶段，产业整合度较低，它所主导的技术标准、开发平台尚未确立，技术研发和推广应用还处于无序状态。而且产业链上游的精密机械、信息技术、数控技术、材料科学和激光技术的核心技术大多掌握在外国的大公司手中。再加上企业规模普遍较小，研发力量不足，所以在加工流程稳定性、工件支撑材料生成和处理、部分特种材料的制备技术等诸多具体环节中仍存在着较大的缺陷，难以完全满足产品制造的需求。上述不足使得我国企业的整体竞争力处于劣势地位。

我国具有高校背景的 3D 打印企业大都专注于产业链的中游，只有陕西恒通和武汉滨湖对于 3D 模型扫描硬件设备进行了少量的研发。湖南华曙在进行 3D 打印设备开发的同时也十分重视打印材料和后续服务。我国主要的 3D 打印上市公司在产业链的位置分析如表 3-2 所示。

表 3-2 我国 3D 打印主要上市公司在产业链的位置分析

上市公司	产业链位置	3D打印具体产品	3D打印业务实施主体	3D打印业务订单、收入及规划	产学研合作对象
银邦股份	上游和下游；3D打印金属材料（冶金粉末）、3D打印服务	高密度、高精度粉末冶金零件、粉末材料、医疗器械零部件等	飞而康快速制造科技有限责任公司（45%）	2012年飞而康实现收入14.1981万元，净利润446.4261万元	英国伯明翰大学教授、澳大利亚国家轻合金研究中心主任吴鑫华教授（女）
海源机械	上游：3D打印非金属材料	复合材料、陶瓷、硅酸盐等3D打印材料	3D打印制造实验室（筹）、福建海源（45%）		"中国3D打印第一人"清华大学颜永年教授（退休）、高群等
机器人	中游：3D打印机	激光快速成型系统（3D打印）	激光事业部	2012年底订单超过5000万元	中科院沈阳自动化所
昆明机床/秦川发展	中游：3D打印机	激光快速成型设备等	陕西恒通智能机械有限公司	没有。涉及的产品技术比较多，快速制造仅是其多项业务中的一项	快速制造国家工程研究中心主任卢秉恒院士
江西嘉捷	中游：3D打印机		苏州江南创意机电技术研究所有限公司		西安交通大学苏州研究院
中航重机/中航投资	下游：3D打印服务	用于军工航天的钛合金等高端金属结构件	中航天地激光科技有限公司	2015年达到5.8亿元规模，占公司2011年销售收入的11%	王华明及其研发团队
南风公司	下游：3D打印服务	电熔精密成型重型金属构件	佛山市南方增材精密重工有限公司	2015年可实现5亿元以上的收入，占公司2011年销售收入的111%	王华明及其研发团队
东风铁塔	下游：金属3D打印产品	金属、3D打印产品			西安交通大学快速制造国家工程研究中心
高乐股份	下游：3D打印服务	3D打印个性化定制、网络销售及手游产品	深圳分公司		

从介入 3D 打印产业链的位置来看，银邦股份、海源机械等主要介入上游 3D 打印材料领域，机器人、江南嘉捷等主要介入中游 3D 打印机领域，中航重机、南风股份、东方铁塔和高乐股份等介入下游的 3D 打印服务领域。当然，这只是从目前公开的资料进行分析和判断得出的。实际上，未来这些上市公司是完全可以根据市场情况和公司的实际产品研发进度来考虑，进行产业链的上下游拓展。我们认为，从行业容量来看，未来 3D 打印行业上游材料和下游服务的空间较大，而中游 3D 打印机的需求空间相对较小。

3. 3D 打印产业链下游分析

3D 打印产业产业链下游可以归为四种主要应用类型，见表 3-3。

表 3-3 3D 打印技术的 4 个应用领域

应用类型	直接快速成型的产品	模具和原型开发	个人产品定制	家庭娱乐
技术	SLS、SLM、EBM	FDM、SLS、SLM、SLA	FDM、SLA	FDM
材料	金属	树脂、塑料、金属，砂型	树脂、塑料	树脂、塑料
行业	航空航天、汽车	各种机械、个人消费品	医疗设备、工艺品	个人和家庭消费
商业化程度	低	高	中	高
市场空间	大	中	大	小
价格	高	中	中	低

数据来源：莫尼塔公司

（1）用作模型和原型研发的 3D 打印机

这是目前发展最为成熟同时也是商业化程度最高的应用方向。一般是以树脂、塑料等熔点较低的材料作为原料，主要用于产品的原型设计和试制，对应于机械设备和个人消费品等行业的设计环节。目前，用于模具和原型开发的 3D 打印商业化是最为成熟的。

如前所述，用于模具和原型开发的 3D 打印机是目前最为成熟的应用方向，相应的商业化程度也最高。对于世界上最大的两家 3D 打印企业 3D Systems 和 Stratasys，此方向是他们最大的需求来源。众多的设备制造企业，在产品设计阶段，为了验证最后的实际效果，是需要快速制作单个的零件来实现原型的设计。而 3D 打印在制作模具上具有先天的优势，从数字化的模型直接转化为实体，且能够实现较为复杂的构型，降低了制作成本，缩短了生产周期。在这类应用中，由于对材料本身的强度要求不高，更加注重外形，因此可以使用树脂、塑料等熔点低的材料，相应的 FDM 或者 SLA 技术更为成熟，成本也低。现在主要的壁垒在于如何控制打印机的成本和方便与用户的交互。这类打印机尺寸可大可小，从入门级到专业级的价格差距也很大，一般在 5000 到 25 万美元不等。

（2）用于家庭娱乐的 3D 打印机

一般为桌面式设备，结构简单，成本较低，主要客户群体为发烧友和 DIY 爱好者。材料一般是树脂和塑料等。设备技术要求不高，生产厂家众多，未来市场的发展主要取决于成本的下降。

面向个人消费者的 3D 打印机对于精度要求不是很高，所用材料多以树脂和塑料等为主，使用 FDM 技术，所以通常较为简单，大多为桌面式设备。这类产品针对的对象是 3D 打印爱好者，以及学校的教学演示等，潜在的用户规模很大。由于技术门槛低，因此这类应用的商品化程度也较高，制造厂家众多，在国内外的购物网站上也都已经有大量的产品在出售。在软件方面，可以利用开源项目如 Arduino 和 RepRap 等作为操作平台，降低了开发成本。

虽然相比专业级的设备而言，这类 3D 打印机单价普遍较低，通常在 500 到 10000 美元之间，但对于大多数个人消费者而言，售价依然偏高。所以，成本仍然是这类打印机普及的最大障碍。目前这些打印机在欧美已经逐步走入了家庭，但因为我国消费者的价格承受能力较弱，相比欧美发达国家，市场规模仍然较小。例如我们了解到北京太尔时代的 UP! 打印机，售价在 1 万元人民币左右，2013 年的销量突破 1 万台，销售的客户大都是在北美市场。

随着生产技术的普及、成本快速下降和更多的应用被开发出来，面向个人消费者的 3D 打印机市场在未来有望实现高速的增长。

（3）用于个人产品定制的 3D 打印机

同样是个人的定制化生产，与上一个应用方向不同之处在于更为专业化而非娱乐，面对的对象是医疗设备市场以及传统方式无法制作的工艺品。市场空间很大，目前也已经有较为成熟的商业化产品。

每个人的个体差异，决定了批量制造方式无法生产出适合每一个人的产品，尤其是在对产品精度要求比较高的行业，所以传统的生产方式在医疗设备领域有很大的先天不足。3D 打印技术的数字化、分布式和简单流程带来的另一个巨大优势是可定制化的制造，这在医疗设备方向将有着广阔的应用。

这些 3D 打印机所用材料依然以具有生物相容性的塑料、树脂居多，在精度上和材质方面，比面向个人消费者的 3D 打印机要求更高，所以价格会更贵，同时需要与 3 维扫描设备配合使用。

在海外市场上，3D 打印在医疗方面的应用还处于起步初期。目前最为成熟的产品是助听器的外壳，通过简单的扫描和打印，就能够生产出贴合不同人耳轮廓的产品。据估计全世界已经有近 1 千万的使用量。除此之外，人造牙齿、骨骼和关节等人体植入性产品，全世界也已经有了数十万的安装量。

另外，未来人体器官等生物组织的打印也有着极大的潜在市场，但目前仍处于实验室研制阶段，前景还不确定。目前美国 Organovo 公司致力于此领域的开发， 2012 年初开始在 OTC 市场交易，2013 年 7 月 11 日登陆了纽约证券交易所。

（4）能够直接制作应用产品的 3D 打印机

这是目前具备最大想象空间和最高技术壁垒的领域，所用材料一般是金属合金，利用激光技术加工直接成型。产品多用于航空航天、高端装备等领域，目前仍处于商业化的初期阶段。

市场最为关注的还有用 3D 打印技术直接生产零件，特别是以钛合金为代表的零部件。其优势除了通常的能够避免铸造锻压等周期较长的生产过程，以及制造复杂曲面外，还包括能够控制合金在零件不同部位的配比，制造出功能梯度材料。但由于金属熔点高、热膨胀系数大，因此为应用 3D 打印技术带来很大的困难。所以虽然已经有 20 多年的研究，但是仍未能得到大量应用，商业化过程刚刚开始。

SLM、EBM 和 LENS 等都是 3D 打印制造金属零部件的主要技术。由于打印过程需要很高的温度，所以一般采用高功率的激光或电子束融化金属粉末。同时为了避免高温的金属和氧气发生反应，需用惰性气体或者真空环境来进行保护，因此可以制造的零件尺寸受到限制。

技术困难导致了此类设备的价格很高，所以其应用局限在了航天航空和高端装备领域上的个别零件。另外，制造出的零件在力学性能上还有待全面的检验，包括静态下强度以及疲劳性能等。但此方向才是真正的"第三次工业革命"的意义所在。

3D 打印的市场除设备本身外，服务和耗材也是重要的组成部分。无论是对于想要体验 3D 打印产品的个人用户而言，还是小规模的偶尔进行产品设计的生产企业，相较购买整套打印设备的高投资而言，通过各种 3D 打印服务来满足需求的方式更加经济。所以，所有的 3D 打印设备生产商，几乎都会提供产品加工服务，而且在其收入中占有的份额非常可观。

Shapeway 是在线服务的网站，个人消费者是主要客户。线上有 8000 家商品设计服务商设计产品，并通过 3D 打印机在当地生产和销售，目前注册用户已达 23 万。2010 年至 2012 年 6 月份，一共生产超过了 100 万件商品。公司在荷兰、纽约和西雅图等地都设立有制造中心提供打印设备。

除了线上服务外，线下服务更加贴近用户，也是重要发展方向。近期 UPS 开始在圣地亚哥的 6 家商店内提供 3D 打印服务，我国不少城市也开设了 3D 打印体验店，提供客户 3 维扫描打印服务，但价格依然较贵，10 厘米左右的人像大概在 1 千元左右。

虽然同是 3D 打印机，但由于以上四类应用要求不同，从个人消费级到工业应用级，所用的材料和工艺都不同，导致设备价格相差很大。以 3D Systems 的产品线为例而言，价格跨度达近千倍。3D 打印技术同样也存在着很多天生不足，例如设备昂贵、原材料有限、尺寸有限、大批量生产时无成本优势等。由于各种原因，不同应用处在不同的行业周期内。用于模具和原型开发的 3D 打印机是最为成熟的，它处于稳步成长期。越来越多的个人用户开始了解 3D 打印技术，同时低端设备价格也在不断下降，可操作性也逐渐提升，因此，用于个人消费和产品定制的 3D 打印机正处于快速的上升期。用于医疗领域和商业化个人定制的 3D 打印机，比用于个人消费的更为专业，目前处于快速成长的初期。直接进行产品制造的 3D 打印技术仍处于较早期的阶段，而且还有很多技术上的困难，需要时间逐渐去锲入传统的机械设计过程，并且和制造工艺相互融合。

从我国的情况来看，有许多本土小厂商在开发面向个人消费者的产品，所以直接进行产品制造的商业化产品开始萌芽，而用于模具制造的市场面临着与国外厂商的竞争，医疗市场也只是刚刚起步。相比中上游，我国下游的加工应用领域相对成熟一些。尤其是在航天军工领域，对 3D 打印的需求增长是非常快的。这与航天军工市场所用的零部件比较复杂，且要求快速响应有关。例如，中航重机控股的中航天地激光科技有限公司，通过与北京航空航天大学王华明教授合作，用 3D 打印技术生产出飞机大型钛合金构件，引来了各方面的瞩目。

3D 打印产业前景分析

3D 打印市场规模前景分析

3D 打印产业化已有近三十年的时间，但考虑到 3D 打印技术的发展情况，其市场规模仍处于初级阶段。

沃勒斯报告预测，在未来 3~8 年中，3D 打印行业仍保证每年两位数的年复合增长率，2021 年 3D 打印行业产值将达到 108 亿美元，见图 3-17。

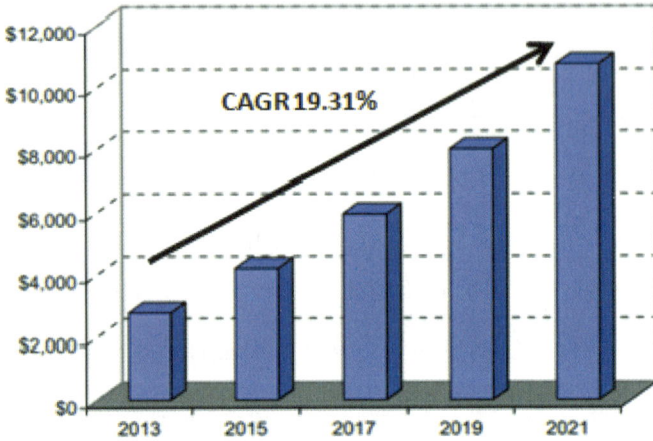

图 3-17 沃勒斯报告 3D 打印行业产值预测

　　从技术发展的角度看，3D 打印在复杂形状下具备显著优势，随着成本快速下降，3D 打印将会快速打开市场空间：（1）由于 3D 打印采用了堆积层迭成型方式，其不受加工产品复杂度的影响，在前期加工成本较高的情况下，3D 打印技术在越复杂的材料加工上越能体现其竞争优势，见图 3-18。（2）随着设备与材料等技术进步带动的综合成本快速降低，3D 打印将会快速打开市场空间，见图 3-19。

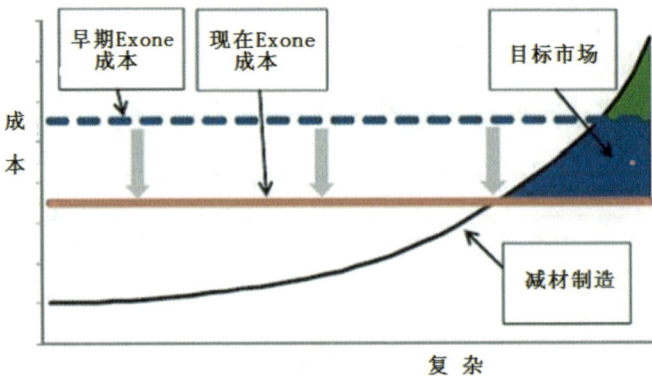

数据来源：Exone

图 3-18 3D 打印越复杂产品越具有优势

机械制造成本每立方英寸

$1.60
$1.40
$1.20
$1.00
$0.80
$0.60
$0.40
$0.20
$0.00

R2

主要软件升级

新的软硬件升级

新的打印头设计

新的 FLEX 平台

2003 早期产品

主流

2012

数据来源：Exone

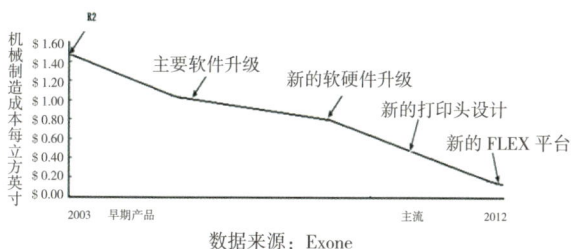

图 3-19 3D 打印成本快速下降

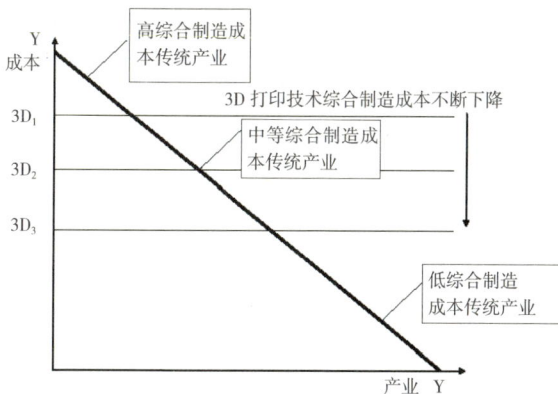

Y
成本

高综合制造成本传统产业

3D₁

3D打印技术综合制造成本不断下降

中等综合制造成本传统产业

3D₂

3D₃

低综合制造成本传统产业

产业 Y

图 3-20 3D 打印技术与传统产业的替代或覆盖示意图

对于 3D 打印技术与传统制造产业的关系，我们可以做如下分析，如图 3-20。将现有产业的原材料、人工、生产周期、场地、制造难易程度、设备等作为综合制造成本，与相应 3D 打印技术综合成本进行比较，可以划分为高综合制造成本产业、中等综合制造成本产业和低综合制造成本产业。随着 3D 打印技术综合制造成本的逐步降低，生产成本 3D1、3D2、3D3 将逐渐降低，会逐渐地从目前替代或覆盖的航空、医疗器材行业，逐步扩展到低综合制造成本的大规模的制造业。

3D 打印的出现满足了个性化的需求。个性化需求曾经被传统制造方式压抑，即使不太欢迎大量的同质化的产品，也无可奈何，但如今通过 3D 打印，很多东西都可以量身定制。被抑制的个性化产品等小众市场会被逐渐开发出来，3D 打印这时便能够高效满足这一市场需求。利基市场（小众市场）是依照长尾理论产生的，长尾理论认为：正如需求分布曲线中厚厚的长尾一样，很多满足个性化需求的"冷门商品"的潜在市场规模总量也是可与主流市场匹敌的。3D 打印的出现和逐步发展，降低了个性化设计和个体创新的成本和风险，能够高效满足上述细分的小众市场的需求，并且充分地开发这一市场。

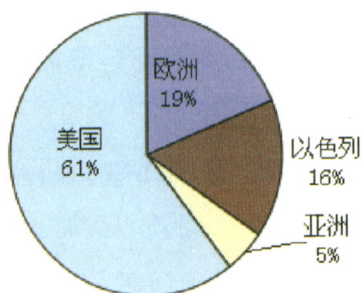

数据来源：Wohlers Associates，公司公告，安信证券研究中心

图 3-21 工业级 3D 打印机市场份额（按地区分类）

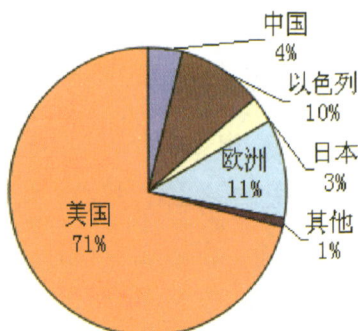

数据来源：Wohlers Associates，公司公告，安信证券研究中心

图 3-22 工业级 3D 打印机存量结构（截至 2012 年底）

3D 打印的关键技术"激光烧结"的专利在 2014 年 2 月到期，这可能会带动 3D 打印市场的大爆发。回顾历史，当熔融沉积成型（FDM）3D 打印技术专利到期时，消除了知识产权壁垒，竞争变得更加激烈，从此迎来了开源（FDM）3D 打印机的大爆发。相似的结果也很可能出现在激光沉积 3D 打印机上。

从地区的角度看，亚、欧地区渗透率的提升将成为未来几年 3D 打印市场增长的强劲动力。从 2012 年工业级 3D 打印机的地区市场份额来看，美、欧占据了 80%，亚洲只占 5%，见图 3-21；从截止 2012 年底工业级 3D 打印机的存量结构看，美、欧也以 81% 的份额遥遥领先，中国、日本只分别占据 4% 和 3%，见图 3-22。而从 3D Systems 中披露的收入地区结构看，公司在美国的销售额同比增速正在逐步下降至 40% 以下，而亚洲的收入增速却一直保持 60% 的高速增长，欧洲最近的收入增速也回升至 33% 左右，见图 3-23、图 3-24。

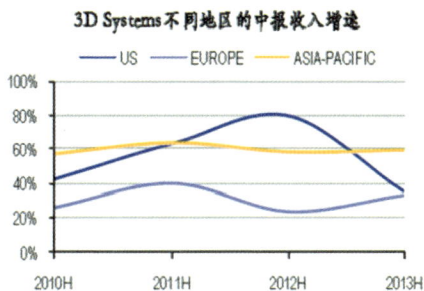

数据来源：Wohlers Associates，公司公告，安信证券研究中心

图 3-23 3D Systems 的中报细项收入变化

由于 3D 打印诞生在美国，在美国发展 20 多年了以后，第一波的尝鲜需求可能日益饱和，未来主要依靠更高性能的打印设备和耗材对 3D 打印应用边界的拓展、以及与云制造相关的商业模式的创新来提高渗透率。然而亚太地区市场，规模正处于从无到有的扩张阶段，未来有望保持 60% 以上的增长；同时，经济逐步走出低谷、具有极强的工业基础的欧洲也有望成为美国之外的另一重要增长极。

根据以上对龙头企业发展动向的分析，以及我们对 3D 打印的理解，我们继续看好未来 3D 打印市场的增长。

长远来看，3D 打印产业将是一个超过万亿规模的产业，见表 3-4。如果 3D 打印步入我们的生活，3D 打印设备制造、应用软件和服务、打印材料制造都是产业链的重要组成部分，将提供无数的商

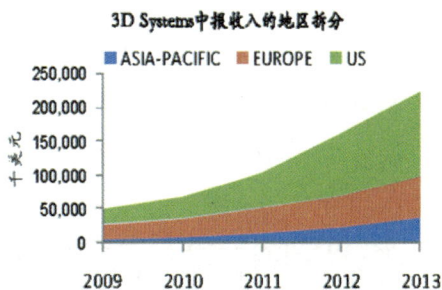

数据来源：Wohlers Associates，公司公告，安信证券研究中心

图 3-24 美国销售额增速下降，亚太、欧洲增速稳步上行

业机会。环顾周边，3D 打印可以制造绝大部分的消费品。目前尽管只能制造功能单一和特定材料的物品，但基于技术的快速发展，电子产品这样的复杂物品也有可能直接打印出。

表 3-4 可被 3D 打印替代的部分行业产值

可被3D打印替代的部分行业	累计2011年5月份产值（亿元）	累计2011年全年产值（亿元）
文教体育用品制造业	1，122.89	2，800
工艺美术品制造业	1，829.65	4，570
纺织服装、鞋、帽制造业	4，626.41	1，150
皮革、毛皮、羽毛（绒）及其制品业	3，101.05	7，750
	2，427.09	6，070
化学纤维制造业	2，623.61	6，560
橡胶制品业	5，508.41	1，400
塑料制品业	13，628.51	34，070
非金属矿物制品业	1，787.71	4，470
家具制造业	36，656.33	68，840
总计		

数据来源：Wind 东方证券研究所

相比传统方式，3D 打印的制造方式完全不同，被代替的产业，从成品制造、原材料处理到相关服务都能够纳入到 3D 的产业链中。关于 3D 打印能够替代的制造业，表 3-4 只是列出了一部分，除去统计部分的重复，保守估计，国内的年产值将超过 5 万亿人民币。3D 打印技术在日后真正代替传统制造业时，用 3D 打印的方式即使只能制造 10% 的这些产业的产品，在中国也会是万亿的规模。从全球来看，产业将能达到万亿美元的规模。

3D 打印产业链前景趋势分析

目前 3D 打印产业处于发展初期，具有并不丰富的业态，较低的行业成熟度，但放眼未来，其具有非常好的成长性。随着 3D 打印技术的进一步成熟和发展，其产业链会进一步延伸。

3D 打印产业涉及诸多领域，如信息技术、生产性服务业、装备制造和材料技术等。单就耗材一项而言，就有 7 个大类，工艺设备 30 多种，打印材料有几百种，是服务业和制造业融合的典型产业，具有极广的产业应用辐射面，大批新兴产业可以被催生。基于产业链的视角，3D 打印的技术领域与上下游相关行业领域具有紧密的关联，带动作用也很强。随着 3D 打印的技术进一步发展，3D 打印产业链会向更多的传统产业延伸，辐射带动效应将更加显著。

根据对企业季报的分析，我们对上述结论加以验证。从 3D Systems 公司 2013 年二季度以来的主要经营动向（见表 3-5）可以看出，不断地推出具有全新性能的打印机、打印耗材以及收购诸如 Rapid Product Development Group 这样在 3D 打印扫描、设计有独特能力的厂商，成为龙头企业发展壮大的主要抓手。Stratasys 公司在 2013 年 6 月 19 日宣布收购了在桌面级 3D 打印机领域享有盛誉的 MakerBot，这也是公司向桌面级个人 3D 打印机领域挺进的一个重要尝试。此举一方面进一步扩大了 3D 打印的市场规模，另一方面也使得龙头企业可以不断向更高附加值的产品和服务拓展，优化产品的结构，使得收入和毛利率均有出色的表现，见图 3-25、3-26、3-27、3-28（数据来源：Wohlers Associates，公司公告，安信证券研究中心预测）。

表 3-5 3D Systems 在 2013Q2 的主要经营动向

业务板块	具体进展
新打印机	Projet x60 series全彩色打印机
新耗材	Visijet PXL彩色打印耗材，适用于新推出的Projet x60 series全彩色打印机
	Accura Xtreme White-200塑胶耗材，最耐用、强度最高的ABS塑胶耗材，适用于SLA 3D Printers
	Visijet SL塑胶耗材，增强强度和耐用性，以及外观触感，适用于Projet系列打印机
	Visijet M3 Black塑胶耗材
扩张全球销售网络	与日本Seiko-I Infotech合作，利用其销售网络开拓日本市场
	与3D CAD设计厂商Hawk Ridge Systems，开拓美国和加拿大的3D打印销售和服务市场
	与IT产品销售商SYNNEX合作，开拓美国和加拿大市场
收购	Rapid Product Development Group，增强Quickparts在3D打印技术设计、服务方面的能力

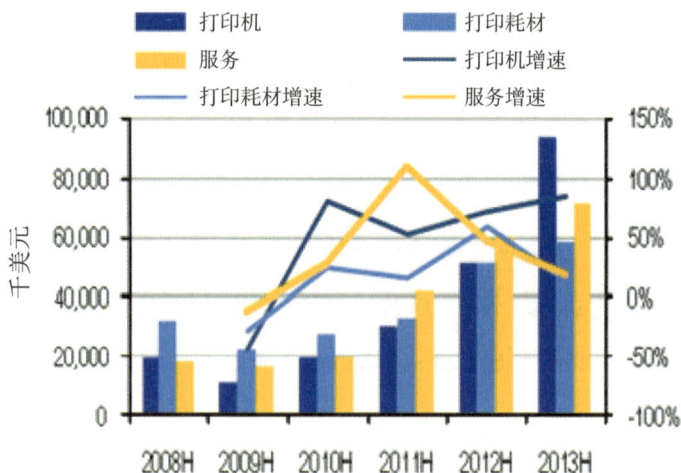

图 3-25 3D Systems 的中报细项收入变化

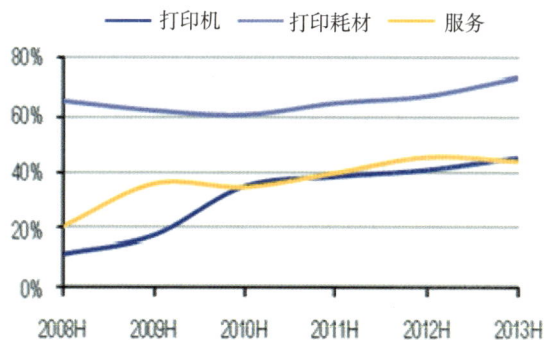

图 3-26 3D Systems 细项业务毛利率整体上稳中有升

图 3-27 3D Systems 的中报细项收入变化

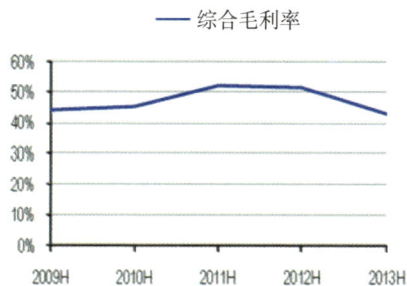

图 3-28 公司综合毛利率有所下降，但总体仍在 40% 以上

当产业链完善之后，产业链上、下游将成为利润高点。随着 3D 打印技术的逐步发展，位于产业链中游的 3D 打印设备很可能就此变成红海，虽然相关企业会有一定的投资价值，但未来在这一环节的盈利性可能会整体下降。未来能够创造价值更大的环节更有可能是在产业链的上、下游，包括为创意、设计、3D 打印设备提供关键零部件，如激光发生器、三维建模、振镜、三维扫描系统和打印耗材的上游公司，以及为下游提供具体打印服务、物流配送和创新商业模式的企业。

基于逐渐成熟的物联网生态、大数据和互联网云制造，3D 打印分布式制造的商业模式很可能成为现实。通过网络平台，人们可以便捷地进行 3D 打印方面的创意、设计、创业、融资以及设计程序的交易，提交专业打印后，成品会由物流配送到用户手里，或者由用户直接在本地打印。总的说来，进一步创新的商业模式将会有效提升 3D 打印技术的渗透率。

精华小结

欧美发达国家已经构建了较为完整的 3D 打印产业链，而且在产业链的上、中、下游均有不同级别的企业满足不同层次的需求。产业链上已经出现了具有技术、知识产权和资金优势的龙头企业，并通过合作和并购等方式谋求产业链的延伸，以获得更大的经济利益。同时，产业链的价值将逐渐向产业链上、下游转移，伴随着互联网云制造、物联网等技术生态圈的成熟，在未来一段时期内，完全有可能出现基于 3D 打印技术的新型商业模式，改良并改变现有制造业生态。

第四章 谋定后动：3D 打印发展的政企战略

凡战者，以正和，以奇胜。

——《孙子兵法》

3D 打印产业对中国的影响

如果说在过去的新科技革命中，中国只是随着科技发展的浪潮随波逐流，那么现在的中国越来越善于捕捉到新的技术，并迅速增强中国在这一技术领域的竞争力。在即将到来的新一轮技术革命中，中国要实现从跟随者向主导者、推动者的转变。

中国或将成为 3D 打印产业的最大生产与消费市场

中国在 3D 打印技术领域的科研水平已经具备一定的实力，和发达国家基本站在同一条起跑线上，某些技术居于领先地位。但是，新事物的产生和被接受是一个缓慢的过程，在商业化推广和产业化发展方面，中国的3D 打印仍然滞后。在 2013 年 5 月 29 日召开的首届世界 3D 打印产业大会上，全球最知名的 3D 打印行业研究机构 Wohlers Associates 公司主席特里·沃伦斯发布了 Wohlers 报告。这份报告包括了中国在内的全球 70 余个国家 3D 打印公司的相关数据，报告显示：2012 年，全球 3D 打印行业总产值增长了 28%，达 22 亿美元；3D 打印机的全球销量同比增长 25%，其中美国占 38%，中国占 8.5%。

尽管与美国相比，中国 3D 打印技术的推广还处在初始阶段，但是数据掩盖不了的是，中国庞大的人口意味着中国的 3D 打印产业在推广方面有其他国家无可比拟的优势——广阔的市场，中国经济的飞速发展使中国人具有令世界惊讶的消费能力，一旦 3D 打印实现产业化经营，通过有效的市场推广，便可能如雨后春笋一般，在中国迅速发展，并渗透到人们生产和生活的方方面面。如果国家再加以政策支持，毫无疑问，中国完全可以成为最大的 3D 打印产业国家。

3D 打印产业能否颠覆中国的本土制造业？

每当一项新技术诞生并逐步发展成为一个产业，人们总会预测它对原有产业的影响：新产业是否会替代原有产业？会在多大程度上造成产业结构的调整？ 3D 打印技术的诞生也不例外。自从 3D 打印技术在中国出现，人们便猜测，3D 打印技术是否会使中国传统制造业走向覆灭。但正如人们曾难以预言蒸汽机出现、计算机发明、互联网应用的影响力一样，3D 打印技术的影响力也只能在未来告诉人们答案。

3D 打印技术颠覆了人们对传统制造业的看法，例如，航空制造业中，在飞机部件制造中，对大型整体金属构件的需求和使用越来越多，大型金属结构传统制造方法是先锻造再机械加工，这需要高昂的模具费用和较长的制造周期，但是通过 3D 打印技术，使用基于金属粉末和丝材的高能束流增材制造技术生产飞机零件，实现了飞机结构的整体化，达到"快速反应，无模敏捷制造"的目的。理论上来说，"想象力有多大，3D 打印的用途就有多广"。美国康耐尔大学一位教授带领他的学生，在实验室里用一台 3D 打印机，打印出了一块有草莓酱的巧克力蛋糕。2011 年 3 月，英国设计并用 3D 打印机一次成型地打印出车轮、轴承和车架，组装成型；几个月后，加拿大温尼伯市通过 3D 打印技术制造出世界首辆汽车。

3D 打印产业对于中国传统制造业的威胁主要在于其供应链的"客户友好型"。客户在传统制造模式提出生产需求，厂商不会立刻同意生产，而是进行市场调研，根据市场预期收益，确定是否开展生产，一旦工厂决定将生产线投入生产，未来无论这一产品是否走俏，沉没成本都已产生，生产线难以停止。而 3D 打印产业可以更快地对客户的要求做出反应，为客户即刻制作，使顾客的等待时间大大缩短。

3D 打印产业的发展对于提升我国的创新能力，降低产品研发成本，缩短研发周期，有极大的推动作用。与其担忧 3D 打印产业对中国本土制造业的影响，不如利用好 3D 打印技术与传统制造技术各自的比较优势，实现两种生产方式的并存和互补，雄壮我国制造业。将 3D 打印技术用于强调个性化、复杂化的小批量生产和模具生产上，在大批量生产上，仍使用传统制造工艺，以提高批量生产的速度并以规模效应降低成本。同时，中国应努力转变产业结构，大力发展 3D 打印产业，变被动为主动，主动用 3D 打印产业与传统制造业实现融合式覆盖。

3D 打印产业蓬勃发展将重创中国出口？

就目前而言，3D 打印技术主要被应用在医疗行业、科学研究、产品原型、文物保护、建筑设计、制造业、食品产业、汽车制造业、配件饰品等领域，只局限于生产价格敏感度不高的产品。因为，已经推出的 3D 打印机还不能完全取代繁复的传统制造工艺，3D 打印技术对材料的"挑三拣四"是限制其自身发展的一个重要原因，例如，即使技术上已经可以打印出陶瓷制品，但是打印所需的材料却是稀缺和昂贵的。又或者如是说，3D 打印技术还无法利用我们身边简单的材料打印出我们想要的东西。

从我国出口结构来看，劳动密集型传统制造业生产的工业制成品为出口做出了巨大的贡献。目前 3D 打印在玩具打印和模型打印方面占有一定的优势——无需组装，零时间交付等，但是其在当前一段时间内价格高昂是回避不了的事实，只能迎合高收入人群的好奇心理。而玩具在我国出口总额中所占的比重只有不到 0.5%，即使所有外国人都自己在家打印玩具，不买中国的玩具，我国的出口也受不到大的冲击。作为大家津津乐道的"made in China"的出口服装，即使未来家家都自己打印衣服，也只是会影响到我国服装出口所占的 7%。中国出口最多的是机械和运输设备，占出口总额的近一半。机械和运输设备所需的零件，绝大部分适合传统的标准化工业加工，在当前的一段时间内，3D 打印的综合成本并没有大的优势。

当前的 3D 打印技术的不完善、综合成本较高，并不能作为我们轻视 3D 打印产业的借口。未来某一天，3D 打印技术成熟、完善，能使不同材质的产品也一次成型，一机多用，对原材料的要求不再苛刻，3D 打印产业必将能够在人们还来不及反应的情况下飞速发展起来。中国作为世界第一大出口国，正在努力实现投资、消费和进出口"三驾马车"的并驾齐驱，如果出口受到了重创，将会对中国经济增长带来急速下坡式的影响。为实现出口结构转型的"软着陆"，我国就不能再在 3D 打印技术的发展上落后于人，要打有准备的仗。

中国的"世界工厂"地位行将不复？

中国以廉价的劳动力和原材料、优惠的政策等吸引了众多海外企业来华投资建厂，因而中国成为很多世界知名品牌的产品加工地和集散地，迅速发展成了全球公认的"世界工厂"。

3D 打印产业使传统制造业的劳动力投入和工人技能培养、专业设备投资、生产线管理等重要环节变得无关紧要。不需要建设复杂的工艺生产线，只需增加 3D 打印机的数量，就可以提高产能。一条传统的手机组装生产线上至少需要几十人，甚至上百人，但是，数十台全自动化的生产设备可以只由一名技术员管理，将 3D 打印技术设备投资的费用除去，之后只需要支付电费、维护费用和与之前相比少之又少的劳动力工资。相比之下，中国传统制造业的劳动力价格却随经济发展而上涨，源源不断的人力成本投入，给外资企业带来了巨大的成本压力。外资企业始终在寻找可替代劳动力又能保障大批量产品生产的方法。3D 打印技术的发展，给曾在世界各地寻找廉价劳动力国家的外资企业带来了希望。3D 打印公司 Shapeways 已经掌握无缝拼接泳衣的技术，其可以用尼龙 12 直接打印制造，这也是一个开端，未来通过数字技术可以制造任何种类的衣服，不需要缝纫机械或者人工。他们不需要再为了降低成本而在世界各地考察建厂，将加工环节迁回本国，既压缩了人力成本，又减少了物流成本，并能更好地对本地市场做出反应。

同时，欧美国家将加快利用 3D 打印技术实现在本国生产，例如美国奥巴马政府提出工业制造"要在美国发明设计、在美国制造；用以前一半的时间、一半的费用完成新产品的研发和生产"。这种发展趋势，一方面使得在中国投资设厂的欧美企业将逐步回流本土，降低中国世界工厂的地位，另外一方面也直接减少了中国的出口额。值得注意的是，从数字来看，已经出现了一些苗头。2014 年 1–7 月，占比超过三成的制造业实际使用外资金额同比下滑了 14.26%，就区域而言，日本对华投资同比下降 45.4%，美国对华投资降 17.4%，欧盟降 17.5%。

随着客户私人定制的需求越来越大，3D 打印产业逐步成熟和完善，对于大批量生产的产品，可以增加 3D 打印设备来完成，而生产小量、定制的产品，更是 3D 打印技术的强项。中国作为"世界工厂"的地位或将不复存在。

但是，对于中国来说，3D 打印产业倘若真的发展到可以替代劳动密集型产业，对生产线上数以亿计的劳动力是巨大的冲击，如何成功分流这些劳动力，是中国在 3D 打印产业发展过程中不得不面对和解决的一大问题。

物流业重新洗牌，工业制成品价格面临大跳水

3D 打印技术诞生于一个快速的时代，人们希望想要的东西能够马上获得，不再需要等待其上市，或者翘首等待其从另一个城市千里迢迢地运来。3D 打印技术的产业链是资源与技术高度整合的，是具有快速反应能力的。3D 打印技术企业可以实现本地生产本地销售，市场有需要便即刻生产，客户有需要便即刻服务，这将对我国目前繁荣的国内长途物流业造成重创。这好比是，作为消费者，你会是乐意将图纸传给 3D 打印公司，待他们做好后同城传递过来，1 天之内就能拿到产品，还是愿意等待 3 至 5 天甚至更长的时间，让你想要的产品坐飞机或坐火车、汽车送到你的手中？

工业制成品的价格受原材料价格、半成品价格、运输成本、机器的折旧等影响。在我国，物流成本占产品本身的 40% 左右，即使工业制成品出厂时价格是低廉的，但是因为出厂后的远途运输成本较高加上经销商分级抽成等，抬高了部分工业制成品的价格。成熟的 3D 打印产业将实现同城制作与销售，大大地降低了工业制成品的运输成本，经销商级数也会减少，即使在材料成本和制造成本等相当的情况下，工业制成品的价格也将可能大幅度下降。

中国或将成为 3D 打印的重要原材料提供国

3D 打印产业发展的赛跑已经开始，从世界范围来看，我国的 3D 打印技术部分领域处于较高水平，但 3D 打印产业链的发展并不乐观，包括 3D 打印所需材料的提供和企业的参与，我国在材料的研发上远远落后其他 3D 打印技术同样先进的国家，有些关键的打印材料只能依靠进口。其他国家

3D 打印技术的推动主要依靠企业，而我国目前主要是依靠高校和研究机构。

中国的产业整体处于国际分工和全球产业链条的低端位置，高污染、高能耗、资源型产品出口占比较大，虽然部分行业生产能力居全球首位，但高附加值的产品少，技术含量偏低，经济效益也不高，获取的比较利益不够多。在 3D 打印产业的发展中，如果我们不能占领产业链发展的高端，不能掌握 3D 打印机器及打印材料的关键专利技术，不能达到 3D 打印的设计及创意的高端水平，不能构建站在全球市场领域的 3D 打印平台公司，那么我们将不得不成为 3D 打印机器和打印材料的加工制造地，我们将不得不继续耗费自己的矿产和能源等自然资源、继续损害自己的环境。

中国的饮食烹饪方式和文化将受到冲击

3D 打印技术犹如克隆、转基因食品一样，在带给人新鲜、希望的同时，也带给人们无限的担忧。我们利用克隆技术可以克隆出不被排异的器官，满足器官移植的需要，同时我们担心有人丧失伦理道德，克隆人类，给世界带来难以预知的灾难。我们利用转基因技术生产出粮食，以解决某些粮食品种的短缺问题，同时我们担心转基因食品会对我们的身体造成伤害，甚至造成生物界的混乱。3D 打印技术正朝着"无所不能"的方向发展，大家是否愿意食用 3D 打印机"打印"出来的米饭、蛋糕、馒头和菜品呢？

实际上，3D 打印技术生产食品并没有改变食品的原料成分，只是食品原料组合、加工和烹饪方式的改变。

中国人的食品烹饪方式和加工工艺复杂，煎炒烹炸煮等等，又以热食、熟食为主，这是中国人饮食习俗的一大特点。古人认为："水居者腥，肉臊，草食即膻。"热食、熟食可以"灭腥去臊除膻"（《吕氏春秋·本味》）。中国人的饮食历来以食谱广泛、烹调技术精致而闻名于世。而用 3D 打印技术生产食品，可能烹饪方式则相对简单，口感上也可能更为单一，这将对中国的传统饮食文化形成一定的冲击。

3D 打印技术或引发我国第三产业中的创意产业爆炸式发展

美国等发达国家的第三产业占 GDP 比重达 70% 以上，我国只有 40% 多，与之相比还是有很大差距的。我国早已跻身世界生产大国，我国人均 GDP 已达 5400 多美元，但是中国家庭消费占国内生产总值的比例却一直在下降，已降至 35% 以下，这与中国世界经济大国的地位是不匹配的。同时，中国大妈疯狂抢购黄金，双"十一"网购交易额的纪录年年被刷新，说明了我国居民有巨大的消费潜力尚待挖掘，这一消费潜力的"挖掘机"只能是第三产业。只有第三产业才能满足国民日益增长的时尚设计、休闲娱乐、文化艺术等精神消费的需求。在第三产业中，文化创意产业既是生产型服务业，包含设计、研发、制造、销售等生产销售领域的活动；也是消费型服务业，包含艺术、文化、信息、休闲、娱乐等消费领域的服务。

文化创意产业的发展，是后国际金融危机时代促进我国经济转型的一项重要战略举措。国际金融危机冲击了诸多传统产业，而第三产业中的创意产业却逆势保持强劲的发展势头。创意是知识性的，能合理配置我国优秀的人才资源；创意是绿色环保的，只需要消耗很少的资源；创意又具有高度融合性，可以实现三大产业的融合互动。

创意产业的核心是设计，3D 打印产业的未来的核心亦会是设计。3D 打印技术以其"只有想不到的，没有做不到的"的强大功能，使其能够成为文化创意产业的载体，设计师们不再需要费时费力地将设计图纸送往加工厂，甚至还要想方设法说服对方生产自己的作品，或许一件作品的失败可能引起职业生涯的断送。现在设计师可以利用 3D 打印技术即刻生产出自己的作品，不满意也可以马上做出修改，直到设计出符合大众审美的作品。普通人也可以通过 3D 打印机实现自己的创意。这将是一个全民创意的时代，创意产业爆炸式发展，必将促进我国第三产业的发展，对产业结构优化升级有重要意义，同时也促使我国从"投资拉动经济"向"消费拉动经济"转型，逐渐发展成为消费大国。

3D 打印产业发展滞后的连锁反应

发展 3D 打印产业，我们需要当机立断，迎难而上。不能再像以往一样，当我们还在对是否发展 3D 打印技术、促进 3D 打印产业形成犹犹豫豫、畏首畏尾的时候，美国等发达国家又将我们甩下很远了。

当 3D 打印产业如火如荼的发展，工业制成品价格受到进一步压缩，物流业陷入低迷，中国不再是"世界工厂"之时——中国数以亿计的廉价劳动力便丧失了用武之地，人力资源将出现结构性的供求矛盾，由就业问题引发的一系列社会问题将接踵而至，后果不堪设想。

更进一步讲，当今世界，中国能够在国际政治领域占领一席之地，获得更多的发言权，与作为"世界工厂""血拼"出的世界第二的 GDP 密不可分。当世界不再需要"世界工厂"，中国还能否保持强劲的经济增长势头吗？当经济实力下滑，我们又能拿什么保持甚至提高我国的国际地位呢？

发达国家 3D 打印的战略规划及发展经验

美国

1. 美国发展 3D 打印的战略规划

美国政府认为 3D 打印技术的发展是提高美国制造业竞争力的一条捷径，3D 打印技术使美国在与低成本国家竞争时有更多优势。对于 3D 打印技术的推动，美国政府的作用主要体现在 3 个层面，即国家战略、路线图、研究计划及执行。

在国家战略层面，奥巴马政府出台了诸多促进 3D 打印技术发展的计划，如 2011 年的"先进制造伙伴关系计划"（AMP），2012 年 2 月的《先进制造国家战略计划》，2012 年 3 月投资 10 亿美元实施的"国家制造业创新网络"计划（NNMI）等。这些战略计划都将增材制造技术（即 3D 打印技术）视为未来美国关键的制造技术。伴随计划的颁布，实际的行动也铿锵有力：2012 年 4 月，"增材制造技术"被确定为首个制造业创新中心；2012 年 8 月，作为"国家制造业创新网络"计划的一部分，位于俄亥俄州扬斯敦的美国国家增材制造创新研究院（National Additive Manufacturing Innovation Institute）（简称 NAMII）成立（见图 4-1 及附录），美国商务部、能源部和国防部等 5 家政府部门共同出资 4500 万美元，3000 万美元是首笔资金；西弗吉尼亚州、宾夕法尼亚州和俄亥俄州的非营利性组织、学校和企业组成的联合团体出资 4000 万美元，该研究院共得到 7000 万美元。可以说，该研究院的实质即是一个公私合作研究机构，其由产、学、研三方成员共同组成，

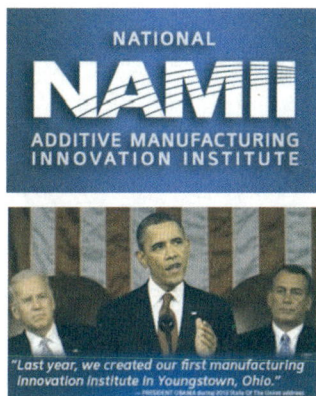

图 4-1 美国国家增材制造创新研究院（NAMII）

致力于开发增材制造技术和产品，增强国内制造业竞争力。

美国国家增材制造创新研究院（NAMII）的工作目标是加快增材制造技术在制造业中的发展，增强国内制造业竞争力。该机构确定了三大工作重点：一是构建增材制造信息和研究开放交流的高度协作的基础平台。二是促进增材制造技术发展、评价、以及灵活有效的技术布局。三是培养适应增材制造技术和产业发展、领先的人才队伍，包括教育学生和培训技术工人。

NAMII 目前主要研究三项技术主题：（1）打印材料特性和效能的研究。了解材料的性质和特点，是确保增材制造技术能够被大规模采用的关键。具体的重点领域包括开发材料数据库，获取更广泛的测试结果；设计材料性能；数据访问和共享平台；管理材料变化的方法等。这部分工作的聚焦点是加速材料及材料系统的转换，为增材制造从材料需求到过程加工建立无缝路径。（2）资格鉴定和认证测试。快速部署增材制造产品的测试、鉴定和认证方法及系统，是增材制造应用的关键。具体的重点领域包括快速鉴定和认证的方法；鉴定和认证的创新技术；建模和仿真；过程可变性的量化；用以提高可靠性、优化流程和提高速度的简化可变性的识别方法；供应商认证等。这部分工作重点应放在为符合资质和认证的产品消除障碍和加快上市时间上面。（3）加工能力和过程控制。全面了解工艺参数之间的关系以及由此产生的产品将如何推动增材制造工艺。具体的重点领域包括工艺的可重复性和产量的提高；开发输出模型的预测算法；提高零件质量；原位自适应控制系统。这一主题的努力方向是通过增材制造加工过程的改进提高其普及性。

此外，美国还不断在其他地方新建类似的中心，使企业与美国国防部和能源部合作，将落后于全球化的地区转变成全球的高科技中心，如2014 年 2 月，美国政府拨款 1.4 亿再建两家制造创新中心：位于芝加哥的数字制造与设计创新研究所（Digital Manufacturing and Design Innovation Institute），专注于高科技数字化制造和设计，以及位于底特律郊外的轻质现代金属制造创新研究所（Lightweight and Modern Metals Manufacturing Innovation Institute），专注于铝、钛等轻金属以及高强度钢材的制造技术研发。其它非联邦机构也提供了相同金额的资金，也就是说，这两家新的制造创新中心共可获得 2.8 亿美元的研发资金。

1998 年和 2009 年美国分别两度发布增材制造技术路线图。2009 年第 2 个面向未来 10~12 年的增材制造技术研发路线图研讨会由美国学界召开，有 65 名专家学者参加，来自政府、企业界和学界，对于增材制造技术的发展，制定了未来 10~12 年的研究指南。该研讨会关注增材制造技术的多个方面的未来前景，如工艺建模与控制、生物医药应用、设计、材料、教育和研发、能源与可持续发展等。经过整体评估，增材制造技术如果能够被推动处于发展的前沿，更大的发展机遇将会被创造。建立美国国家测试床中心（National Test Bed Center，NTBC）是该路线图报告提出的关键建议，中心主要对未来该领域的人力资源发展和设备进行推动，且将制造研究的概念进行展示。基于 2009 年的路线图，爱迪生焊接研究所（Edison Welding Institute，EWI）（北美焊接和材料结合工程技术领导组织）建立增材制造联盟（AMC），以国家为基础，使得增材制造技术的成熟度提高，对增材制造技术进行倡导资助，促使新兴技术层面向主流制造技术层面推进。AMC 目前包括 33 个企业成员与合作组织，包含重要的大学研究机构、小型企业、大型企业和政府机构。

与此同时，2009 年和 2010 年美国空军和海军分别举行了增材制造技术研讨会，该研讨会以任务为导向。2011 年，材料与过程工程促进会（SAMPE）召开多方参与的研讨会，直接零部件制造是会议的专注点。2012 年 2 月，增材制造技术研讨会由科学技术情报委员会和橡树岭国家实验室合作举办，研讨该技术的最新发展情况。面向学术界的是，德克萨斯大学举办的年度固体无模成型研讨；面向企业界的是，美国制造工程师协会举办 RAPID 会议和展览会。

基于对上述分析的总结，可以得出以下值得关注的信息：

（1）2009 年之后，以 3D 打印为代表的增材制造技术得到了美国政府的重视。基于金融危机的影响，美国政府快速寻找新的增长点以振兴制造业。此外，与 3D 打印相关的技术专利正逐步失效。20 世纪 80 年代中后期，3D 打印技术的研发开始，20 世纪 90 年代相关的技术专利开始申请，然而因为有效期届满，目前这些专利的大部分都已失效。2009 年因为有效期届满而失效的就有美国 Loctite 公司的 US5167882 立体光刻造型（Stereolithography method）专利、US5137662 通过立体光刻造型技术制造三维物体的仪器和方法（Method and apparatus for production of three-dimensional objects by stereolithography）和美国 3D Systems 公司的 US5174931 立体光刻造型的仪器和方法（Method of andapparatus for making a three-dimensional product by stereolithography）。

（2）美国军方特别重视 3D 打印代表的增材制造技术。首先，3D 打印技术能够迅速制造复杂结构零件，具有较低的制造样本成品，适合小批量生产，对于军工产品的需求，这些特征足以满足。其次，美国军工产业强，而一般制造业较为薄弱，军工的优势如资金雄厚、研发能力强、研发基础好和管理模式成熟，可以推动一般制造业的复兴。如，美国政府 2011 年出台的"先进制造伙伴关系"计划以及 2012 年出台的美国国家制造业创新网络等，美国国防部均参与其中。

（3）3D 打印技术路线图的主要参与方正在由美国国家科学基金会、海军研究办公室等政府部门转向爱迪生焊接研究所、材料与过程工程促进会等行业机构。橡树岭国家实验室也与企业保持着密切的合作关系，如 2012 年 6 月，橡树岭国家实验室与 Stratasys 公司签署合作协议，将共同推动熔融沉积成型增材制造技术的进步。

在研究计划及执行层面，美国福特走在了前面。福特正在开发一种高度灵活的新型 3D 打印制造技术，福特称其为自由曲面加工技术（F3T），以降低小批量消费钣金零件所需的本钱和时间。F3T 技术制造三维外形的模具仅仅需要几个小时，一旦投产，原型制造在三日内便能够完成，假如依照传统办法，则需要两到六个月。而且，F3T 技术也为产品制造提供了更广的个性化选择。但目前 F3T 技术仍处于早期阶段，仅能提供小范围应用，还无法满足大批量消费。该技术在航空航天、国防、交通运输和家电行业中也具有宽广的应用前景。美国能源部计划对新一代产品提供704万美元的能源补助，以推进节能高效的制造工艺。包括福特和其他协作者在内的五个创新制造项目，初期展开阶段三年，取得了总额为235万美元的能源资助。

2. 美国3D打印的发展

如今，美国3D打印发展如火如荼。2013年，3D打印产品在国际消费电子展（CES）展出，显示3D打印技术正逐渐迈向实用化、方便化、成熟化和规模化。MakerBot、3D Systems、Formlabs等多家公司展出了涵盖工业、商业和家庭使用全系列的数十款已经实用化的3D打印机产品。除了3D打印机及其耗材和配件，CES上展出的3D打印建模系统和软件也越来越方便和实用。用户可以使用虚拟现实雕塑技术（戴上3D眼镜进行3D雕塑建模，通过3D打印机将雕塑实物输出）和123D建模软件（用相机从不同的角度拍摄物体，利用该软件对物体建模，然后打印出3D实物）。除了推广家庭用3D打印机，美国也已经具有规模大小不一的3D打印店和3D打印工厂，这些店和工厂承接用户的3D打印任务，为消费者提供3D打印服务。2012年3D打印工厂Shapeways在纽约开业，占地2.5万平方米，能够容纳50台工业3D打印机，根据消费者需求每年可以生产上千万件产品，是目前世界上最大的3D打印工厂。犹如克里斯安德森在其《创客》一书中所介绍的一样，美国人希望互联网与3D打印机的结合能带来工业生产的革命，迎来个性化产品制造时代。

3D打印技术在军事领域可大展拳脚。美国媒体以及国会关于是否应该允许使用3D打印技术打印枪支的辩论始终没有降温。但也有人指出，既然3D打印枪支不可避免，与其毫无意义地争论，不如好好思考下如何应对。文章《今日未来武器2013年值得关注的五种武器》（美国《外交政策》杂志网站）认为 2013 年最值得关注的首要武器是 3D 打印枪。一个名为分布式防御的美国激进组织发明了该技术，他们创建了可下载的设计图，只需要一台 3D 打印机和一台电脑，数小时就可以打印出 AR–15 枪身，进而装配制造出 AR–15 半自动枪。理论上，3D 打印技术可以打印出客户需要的任何枪支组件；而实际上，当前 3D 打印机制造的塑料组件，尚不能承受枪支射击产生的冲击，包括火药爆炸射出每颗子弹的作用力。但随着 3D 打印技术的成熟和科技的发展，将可以"打印出"更多先进、实用的武器装备。

　　除了打印枪支，美军武器装备的研发过程中也大量地使用了 3D 打印技术。美国军方已经由 3D 打印技术辅助制造出导弹用弹出式点火器模型，美国海军还意欲将 3D 打印机植入机器人体内，使得机器人间可以相互沟通、协作，甚至具备制造能力。也就是说，美国海军希望能够利用机器人来生产更多的机器人。另外，美国 GE 航空也利用 3D 打印技术制造出终级喷气发动机，并将所有的专门技术应用到对下一代军用发动机的研发和生产上，可以自动地将高推力模式向高效率模式转换。美国陆军也在加速 3D 打印技术实战化部署——向阿富汗部署移动实验室。移动实验室由一个集装箱制成，配备 3D 打印机、成型机和其他制造工具，可现场创建士兵的工具和其他设备。另外，第 2 个移动实验室被美国陆军快速装备部队部署到战区，便利设计人员利用计算机辅助设计软件在战区快速生产原型产品，加速设计和生产。美国陆军计划通过这种做法增强战区巡逻、单兵作战以及小型前线作战基地的可持续能力。

　　无需机械加工或任何模具、直接从计算机图形数据中生成任何形状的零件是 3D 打印技术最突出的优点，制作时间大大节省，产品的研制周期得到缩短，生产成本得到降低，生产力得到提高。对于战时装备的维修保障，3D 打印技术的这些优点带来革命性的新变化。首先，及时打印出急需的武器装备。小到枪支弹药，大到坦克、飞机和军舰，3D 打印机都可以直接快速打印出来，战时的作战消耗可以得到快速补充。其次，利用 3D 打印技术可以及时打印毁损部件。未来的信息化战争，任何位置的战场，毁损部件如果需要更换，3D 打印机能够即刻打印，通过技术保障人员装配，武器装备就能重新投入战场。最后，3D 打印技术可以减轻后勤保障压力。当前，使用相同数量的耗材制造零件，3D 打印机的生产效率是传统方法的 3 倍。在战场时，3D 打印机可以及时生产出战场上消耗的武器装备和补给物资，这将大大减轻后方生产和后勤保障的压力。

在航空领域，2014 年 6 月，美国太空制造公司专门设计的用于国际空间站 (ISS) 微重力制造项目的 3D 打印机已经通过了 NASA 最后的验证测试，将于 2014 年 8 月发射到国际空间站投入使用。如果这一计划成功，那么在零重力实验环境下的 3D 打印设备将是首个在空间站制造零件的设备。

英国

在欧洲，很多研究机构和企业也视增材制造技术为一种重要的新兴技术。与美国相比，虽然欧洲单个国家在增材制造技术研究方面的实力不强，但总体而言，其研发活动和基础设施却十分出色。

欧洲通过学校、企业和政府构建制造业技术联盟的方式来促进产业发展，例如"大型航空航天部件快速生产计划"（RAPOLAC），面向大规模客户定制和药品生产的"自定制"（Custom Fit）计划等。欧洲的许多项目也是源自美国，但在欧洲等地进行后续的研究开发。另外，欧洲的研究相对较为分散，没有出台类似美国先进制造战略计划的大型战略规划。

由于企业独立开发 3D 打印技术通常风险太大或资源太集中，作为英国工业战略的一部分，英国政府承诺，为使用 3D 打印技术的研发项目提供支持。其中，英国技术战略委员会联合工程与物质科学研究理事会、经济和社会研究理事会以及艺术和人文研究理事会将为 3D 打印项目投资 840 万英镑。该笔资金将支持 18 个 3D 打印技术研发项目，项目执行时间 1–3 年不等，内容涉及从人体关节制造到珠宝设计等广泛主题。预计该项目将吸收私人投资 630 万英镑，累计经费将达到 1470 万英镑。这些资金将有利于企业开发新的 3D 打印技术制造解决方案。

随着 3D 打印技术的发展，伴随激光技术的进步，3D 打印仅用于原型制造已不能达到研究人员的要求，研究人员开始尝试用 3D 打印技术将金属材料直接制造成零件，也就是金属结构件直接制造。近期，英国"3D 打印"项目的获奖者提出多种创新理念，如 3D 打印的颅面部植入体、3D 打印的髋关节和手术器械、满足病人足部需求的定制鞋垫等。

德国

德国是传统的制造业强国，但到目前为止，德国没有出台任何专门针对 3D 打印技术的计划，我们只有在"德国光子学研究"计划中能找到一小部分与 3D 打印技术有关的内容，即选择性激光熔融技术（SLM）。

较早关注 3D 打印技术的是德国联邦教研部（BMBF），其在 20 年前就针对 3D 打印技术提出长期的发展计划，核心内容为对 3D 打印技术带来的新的生产方式的理解。BMBF 认为，3D 打印技术适用于原型或只有有限功能的单件产品的快速生产，例如，生产设计模型或铸模，由于购置设备、材料以及维护技术的成本昂贵，3D 打印技术的应用迄今还局限在利基市场（即高度专门化需求的小众市场），如医疗或模具。2011 年 5 月，德国联邦教研部进一步地推出"德国光子学研究"计划，并从 2013 年初对"生成的制造工艺和光子过程链"进行资助，其实 3D 打印技术仅是整个光子价值链中的一小部分。从德国联邦教研部的角度来看，3D 打印技术首先是一个很有意思的补充生产工具，它必须在未来几年的工业实践中证明自己。柏林工业大学 3D 实验室在 3D 打印技术的研究应用方面也取得了一系列的显著成绩，如应用 3D 打印技术进行北极熊克努特死亡原因的调查，3D 打印出奥迪和宝马合作研制的测试模型车 DrivAer 等。

2002 年成立的 EnvisionTEC 公司是全球快速成型和快速制造设备的领先品牌，其产品涉及工业制造、珠宝首饰、医疗、牙科、助听器定制、生物科技等多种领域，还在英国和美国都设有销售服务中心和培训中心。不同于 EnvisionTEC 公司，Nanoscribe GmbH 公司更注重高尖端技术，2013 年，该公司在美国旧金山某展会上，发布了他们的研究成果——迄今为止速度最快的纳米级别微型 3D 打印机——Photonic Professional GT 3D 打印机，该打印机可以实现纳米级别的作业，它在生物医学和纳米科技领域都有着不错的应用前景。近年来，德国不少机构开始使用 3D 打印技术，建筑公司用 3D 打印机打印建筑模型，博物馆用它复制文物；医疗机构打印血管、耳朵等"人体器官"。此外，2013 年 12 月，德国 EOS 推出了新型 3D 金属打印机 EOSM400，这一产品采用了 EOS 成熟的金属 3D 打印技术、模块化系统和可扩展的平台，针对在工业生产环境中的直接制造，能制造更大的部件，自动化程度也大大提升，保障了产品质量，操作也更加容易，更能满足客户的需求。

日本

3D 打印技术作为 21 世纪最具注目的新技术，具有生产日期短、效率高等特点，日本政府与许多企业家均看好 3D 打印技术的前景。38 岁的管理咨询师 Asami 认为 3D 打印技术将能够改变世界，使得家庭和企业在未来绕过制造商，自行生产所需要的商品。

不少人开始了 3D 打印的创业，但日本商界文化中存在躲避风险、安于现状的问题，例如，日本出现了索尼、佳能等一批大型电子企业，但日本并没有成为一个全球性的技术大国。有人认为，原因在于日本人越来越畏惧风险和失败。安倍是否能打破这些壁垒，决定了这些企业家能否开创日本产业的新时代。

为了刺激经济发展，日本首相安倍表示鼓励创新，并大力推动政治经济体制的改革。日本政府重启了一项针对创业企业的国家补贴计划，为初创型企业提供补贴，鼓励其发展，希望带动经济，增加就业。据悉，申请该补贴的企业数量已从 2013 年 4 月份的 15 家增加至 6 月份的 2302 家，增长十分迅速。日本经济与产业省也在推动一项关于 3D 打印技术的支持计划，如果这项计划被纳入政府预算，将会有 45 亿日元助推高端 3D 打印技术的发展。

新加坡

早些时候，新加坡政府已经宣布投资 3000 万美元，用于建立 3D 打印研发中心。2013 年，新加坡科学、技术和研究局（A*STAR）推出了一项新的总投资达 1500 万美元的 3D 打印技术发展计划。这笔资金用于开发出新的 3D 打印设备和支持系统。新加坡政府希望通过对这些技术的综合开发，获得增材制造的关键性技术。而开发的技术最终将通过研究机构转移到新加坡的制造部门。

该计划由 A*STAR 下属的制造技术研究院（SIMTECH）负责管理实

施，主要用于支持 3D 打印技术在新加坡制造业领域，特别是航空、汽车、石油天然气、海洋和精密工程业等的应用，这些行业的产值在 2012 年占该国国内生产总值（GDP）的 20%。根据该计划，A*STAR 下属研究机构 SIMTECH、材料与工程研究所（IMRE）和高性能计算研究所（IHPC）将与南洋理工大学（NTU）合作开发。1500 万美元的资金将用于发展 3D 打印的六大工艺技术：激光辅助增材制造（LAAM）、选择性激光熔融（SLM）、电子束熔炼（EBM）、POLYJET、选择性激光烧结（SLS）、光固化（SLA）。

A*STAR 的 6 项增材制造技术发展计划目标：

（1）激光辅助添加剂制造（LAAM）：LAAM 是根据计算机辅助设计软件（CAD）的 3D 模型，将金属粉末注入高功率激光束聚焦形成的熔池中，直接制造出金属零件的技术。目前，LAAM 并不用于直接制造零件，而主要用于各种组件的修理和改造。在该项计划中，大尺寸 3D 井下组件（down-hole components）将用 LAAM 技术制造出来。

（2）选择性激光熔融（SLM）：SLM 是一种借助计算机辅助设计（CAD）模型以及激光束的热作用融化、逐层堆叠粉末制造出产品的增材制造技术。在 SLM 过程中，要先打印支撑结构，再构建伸出结构，但零件的几何形状和表面质量难以保障。在该项计划中，为消除和减少支撑结构的使用，开发团队将研发一种新的处理质量分布的算法。此外，开发新型具有优异机械性能的新材料也在计划之列。

（3）真空电子束熔炼（EBM）：真空电子束熔炼（EBM）是在真空环境下，根据 CAD 模型，使用计算机控制的电子束连续逐层融化金属粉末形成产品的增材制造技术。EBM 是增材制造（AM）工艺中的一种比较高效的制造工艺，优点是低残余应力和低变形。然而，这一制造工艺并无法解决表面光洁度和尺寸精度的问题。在该项计划中，开发团队将着力解决这一问题，创新方法，综合运用建模、模拟、材料和工艺开发能力。

（4）PolyJet：PolyJet3D 打印机可以通过喷射液体光聚合物层创建一个三维的产品原型，不需要额外的固化后处理就可以立即使用，这样打印出的成品更精细且坚固。在该项计划中，开发团队将开发新方式，直接使用 PolyJet3D 打印技术制造高分子蜂窝结构，推广可广泛用于制造各种轻质蜂窝结构的技术。

（5）选择性激光烧结（SLS）：SLS 工艺能使用高功率激光将细小的颗粒材料分层烧结成特定的三维形状，可用的材料包括塑料、金属、陶瓷、或玻璃粉末。其整个工艺过程包括 CAD 模型的建立及数据处理、铺粉、烧结及后处理等。在该项计划中，开发团队将系统地研究基于物理的模型、计算模拟、新的聚合物基复合材料结合工艺开发以解决 SLS 技术制作的零部件的功能性和一致性的问题。

（6）光固化（SLA）：光固化（SLA）技术是用特定波长与强度的激光作用于液态光敏树脂，从而逐层固化构建打印产品的一种增材技术。在该项计划中，开发团队将开发低成本的光聚合物，增强打印的零部件的抗冲击强度，减少整体重量。该技术将广泛应用于各种大幅面轻量级的梯度功能部件。

国外经验

在 3D 打印发展的历程中，我们看到，欧美企业对 3D 打印技术的系统性开发都离不开应用型研究所。拥有 20 多台激光直接加工金属设备的德国弗朗霍夫激光研究所，不做产品，只做应用研究，专门为其他机构直接提供咨询和生产服务。

在3D打印领域，中小企业掌控了当下的主体市场，传统制造大企业还没有跟进。实际上，一个国家创新体系中最活跃的群体通常都是中小企业。根据美国小企业创新法，承担国家科技项目、获得较大财政资助数额的机构有责任向小企业转移技术。欧美有专门支持小企业信用担保计划、小企业减免税政策、小企业创新的项目等。对于中小企业的创新，一些发达国家也普遍通过减免税方式进行支持。

同时，发达国家的经验表明，政府的支持相当重要。在一般性的应用技术研发领域，公司一般不愿意投资，无法完全依靠市场机制，而普遍性优惠政策可以由政府制定，对企业进行引导和调动，发挥创新能力。先进技术计划（ATP）即是美国政府促进产业共性技术研发的典范。ATP由政府提供引导资金，提供将近一半的研究投入，其余需要承担项目的公司进行配套。企业可以直接获得政府的资助经费，大学和研究院所参与项目的实施只能通过联合企业来进行。以营利为目的的美国公司拥有最终的知识产权，参与项目的政府机构、研究院所和大学等只能分享专项使用费，不能享有任何知识产权。基于国家利益的考虑，美国政府有权免费使用ATP支持的技术成果，其他企业通过支付费用，获得该项目成果的使用权。

基于国外的成功经验，加大对技术的推广普及，更胜过产品推广。因此要学会在利益共享、风险承担的机制下，分享共性技术，攻关针对产品升级的专项技术。

中国发展3D打印产业的战略及思考

自2010年中国超越美国成为全球最大制造业产出国以来，中国至今连续保持世界第一制造大国的称号。2012 年底中国制造业占全球比重提升到 19.8%，220 多种工业产品产量都位居世界前列。当前中国有大约 1.3 亿劳动力从事制造业，约占全球 3.3 亿制造业工人的 40%。如果技术标准和组织能力合理扩散，一个劳动生产力在一国的生产能力应与其它国家持平。按照这个准则，中国制造业在未来尚有进一步增长的空间。中国制造业的优势，通常可以归结为：人口红利（拥有世界 1/5 的人口、劳动力成本远低于发达国家）、其它生成要素的低成本（原材料、能源和厂房的成本）、制度变革和适时的政策（地方政府的 GDP 评估体制、国企改革、促进民营经济政策、税收优惠、较低的利率贷款等）和对外开放等。但是，中国的制造业目前还没有完全摆脱高投入、高能耗、高排放的粗放式发展模式。

中国发展 3D 打印产业的战略意义

3D 打印技术作为一项新兴技术，其对中国制造业的生成方式变革产生深远影响，机遇与挑战并存。

首先，3D 打印技术对制造业核心的影响之一是对制造业的生产过程产生作用，并对整体产业转型升级具有重要意义。这一技术被认为是加速"制造业向智能化不断演进的历程"，为中国制造业转型升级、信息化和工业化深入融合带来了前所未有的机遇，汽车制造业、通用和专用机器制造业、医疗器械制造、精密仪器制造、航空航天制造业、消费品制造等领域，均可通过结合 3D 打印技术提升对制造业（特别是关键零部件）的制造水平；减少对传统发达国家的依赖性，为高端制造业的赶超提供了一个新的途径。同时，高端制造业的价值创造流程也将发生一定的转移，前端的设计、3D 打印机的设备先进程度（高端制造业的制造者）等将成为生产过程的关键。

其次，3D 打印技术将对中国高技能劳动力产生深远影响，并提出更高的要求。中国的制造业劳动力平均生产率还远低于发达国家，特别是在高技术产业领域。近年来，为了应对"人口红利减少"，中国政府不断加大对高等教育的投资，旨在推动中国朝着高技能制造经济的方向发展。3D打印技术，一方面可以替代制造业领域简单劳动力所从事的知识含量不高的手工劳动；另一方面，也要求未来新一代的制造业劳动力深入掌握高技能的专门知识，例如软件设计技术、新材料技术、高级制造工艺、消费者需求和市场知识等，从而推动中国创造高素质、高技能的"新人口红利"。

第三，从其它生产要素因素看，3D打印技术将对传统制造领域中原材料和厂房等生产要素的配置产生深刻影响，从而改变传统地理经济学的一些规则。3D打印的基本制造方式是"堆积制造"，并有可能发展为由小规模、分布式节点组成的"云制造"。因此，制造过程将由"大批量标准化生产"、"大批量定制"向"个性化量产"和"差异化生产"的"集散模式"转变。由于每个单独的制造业节点都是自主的，而且是互联的、集中化的生成和组装，经济规模将不再是商业模式的关键，因此生产厂房和土地因素将不是传统意义上的关键因素；原材料（金属、生物、塑料等）也不一定需要集中在某个特定区域或厂房。这将使得传统的地理空间分布产生一定的改变。同时，产业空间布局也需要从战略高度重新思考，制造业的设计、加工、消费需求可以不受地理区域的限制而布局，在互联网时代，3D打印技术可以轻而易举地实现产品制造的设计标准、数据格式、工艺要求的一致。

第四，3D打印技术将改变传统的消费者－生产者关系，这既是对中国未来巨大的消费者市场带来的机遇，同时也是对亟待考虑的制造业和消费者责任与权益等带来的挑战。一方面，中国拥有13亿多人口的巨大消费市场，伴随着中国消费者购买力日益加强，对于需求的多样化和复杂度要求不断提高，从而对新奇、个性化的产品需要也日益增多；通过"消费者－生产者共同创造"能够更好地符合未来消费者需求。另一方面，在共同创造过程中，生产者和消费者的界限变得模糊，如何界定两者对产品的责任和权益，也是需要从战略角度进行重新定位的一个重点。

第五，3D 打印将推动低碳制造，实现更绿色环保的制造，这对于缓解或解决中国当前面临着的高投入、高能耗、高排放的粗放式发展模式具有重要意义；同时需要重新从全球供应链和整个产品生命周期战略的角度，来思考替代传统制造业的方式和过程。

另外，3D 打印技术将对中国现有的经济发展和产业制度安排提出新的要求。3D 打印技术将对现有的政府和市场关系产生影响，小规模、分布式节点组成的"云制造"，将使规模经济不再是决定产业的最关键因素，生产者－消费者边界的模式，将对现行的部分以政府、国有企业在资源配置起到主导作用的制度安排产生前所未有的影响。2013 年 11 月中国发布《关于全面深化改革若干重大问题的决定》后，现有的政府和市场关系正在朝着类似的方向发展，市场将对资源配置发挥主导性作用。3D 打印技术将对现有的知识产权保护制度产生进一步的张力，不仅对计算机软件如"开源软件"等传统知识产权保护提出更高要求，而且对"开源硬件"的知识产权保护、产业生态系统中的知识产权等提出革命性的要求；另外，现有的国际知识产权知识和标准体系，也将受到深远的挑战。

中国发展 3D 打印产业的战略探讨

鉴于上述 3D 打印技术对中国产业发展和经济制度的深远影响，且中国目前正处在积极培育和促进 3D 打印产业发展的进程中，这就需要综合统筹，抓住核心环节，进一步突出产业技术创新能力建设，突出市场应用模式创新，突出体制机制创新，不断提高国际合作水平和质量。

1. 综合统筹规划，从国家层面做好战略制定的顶层设计

建议在充分深入分析 3D 打印技术对中国制造业转型升级、产业发展、区域经济再平衡、转变发展模式和经济社会等多方面的综合影响基础上，从国家层面做好战略制定的顶层设计。在中央政府层面，组建"中国 3D 打印技术与产业发展工作领导小组"，做好 3D 打印技术的中长期发展规划和五年发展规划；应用先行先试和全面推进相结合，整体布局技术研发及产业基地；制定有关的产业促进政策和规制政策；带动 3D 打印产业的全面发展并发挥其对产业、区域和发展模式转变的积极作用。在国家顶层设计过程中，应放眼全球，动态追踪世界主要大国（如美国、德国、日本等）的 3D 打印技术发展战略及整体产业发展动态，学习借鉴先进的战略政策，并结合中国发展情况、目标和需要进行动态部署。

2. 着力培育 3D 打印技术及产业生态链的自主创新能力

在 3D 打印产业发展前期和技术主导设计尚未清晰阶段，政府应对 3D 打印技术领域提供创新经费资助、引导成员互信、购买创新产品甚至直接参与等，对其发展给予支持，避免按照行政管理权限或行政区划以封闭方式组织和推进。对面向应用、具有明确市场前景的政府科技计划项目，建立起具有创新优势的有效机制，该机制由 3D 行业相关企业牵头、科研机构和高校共同参与实施。

使企业的主体地位得到进一步确立，促进技术、人才、资金向企业聚集，着力培育企业的集成创新能力。依托创新优势企业，对关键核心技术研发和系统集成的工程化平台加快建设，使优势企业的创新基础设施达

到世界先进水平。

　　大力发展产业技术创新联盟，由企业主导、科研机构和高校参与。要注重发挥好工程化平台和产业创新联盟的开放服务作用，向民营企业甚至外资企业或外资研究机构开放产业创新联盟。

　　积极推动 3D 打印技术，带动产业生态链创新。围绕经济社会发展重大需求，找准具有战略特质的重点方向和产业高端环节，以技术的"点突破"转变到推动产业链整体创新为着眼点，统筹标准制定、市场应用、工程化和技术开发等环节，使得重大产业创新发展工程能够得到组织以及实施，集中力量突破一批支撑传统制造业产业发展的关键核心技术，占领产业技术制高点。

　　3. 加快培养 3D 打印产业相关的创意设计、技术和服务人才，将人力资源和人才资源的培养与市场需求相衔接

　　中国拥有丰富的人口资源，建设人力资源强国，通过教育和培训等将人口资源转化成市场需要的人力资源和人才资源，这对于我国的经济、社会和文化的发展，将会发挥火箭式的推动效应。为实现我国 3D 打印产业的稳健发展，迫切需要加快培养 3D 打印产业相关的创意设计、技术和服务人才。

　　当 3D 打印技术和产业的发展实现质的飞跃时，如果仍不改革完善目前与经济社会发展有所脱节的教育体系和专业教育，便可能引起中国传统制造业中大量劳动力的集体性失业，从而造成社会的不安定。为应对 3D 打印技术和产业的发展可能造成的不良连锁影响，应该通过教育改革，形成完善的教育体系，使"因材施教"不再沦为一句空谈，实现教育与社会的对接，实现人力资源、人才资源培养与市场需求的衔接，使人人都有一技

之长，人人都能凭借自己的能力承担相应的工作，实现人力资源和人才资源结构性的优化配置，从而推动形成新的"人口红利"。

4. 破解市场导入期瓶颈，鼓励商业模式创新，培育可持续的市场需求

在 3D 打印产业化前期阶段，与其它新兴产业发展所面临的情况类似，市场导入期可能遇到市场需求的瓶颈。对重大应用进行示范推广，使 3D 打印技术的市场需求扩张得以带动。与此同时，加强统筹规划，推进 3D 打印技术的标准制定，促进产业和服务配套设施协调发展。在应用示范中，要促进市场开放，防止出现新一轮的地方市场保护和各省市的区域分割。

在逐渐市场化过程中，积极鼓励企业商业模式创新。商业模式创新最为活跃的时期，正好也是新技术导入市场的初期阶段。3D 打印技术的商业模式创新对新服务、新产品的市场推广速度具有相当程度的决定作用。寻求政府组织实施的 3D 打印技术重大应用示范工程与商业模式创新的充分结合，将政府支持的应用示范作为支撑和验证商业模式创新的平台。

出台系列约束性政策，形成"倒逼机制"，要求传统制造业淘汰落后产能，发挥 3D 打印技术在推动其它制造业"智能化"、"绿色化"、"云制造"过程中的积极示范作用，将"胡萝卜加大棒"政策综合使用，推动 3D 打印技术的市场需求可持续。

5. 积极利用国际创新资源，助推中国 3D 打印创新驱动，增强国际合作主动权

一方面，坚持开放战略，积极寻求和利用全球创新资源；形成政府间、行业间、企业间多层次、多渠道的国际合作机制；鼓励和支持我国企业与国外企业开展技术深度合作；推动 3D 打印产业和中国整体制造业的国际合作。

另一方面，积极鼓励中国参与 3D 打印技术的国际标准制定，增强国

际合作的主动权。政府支持行业协会、学会、产业联盟、企业和研发机构等积极参与 3D 打印技术国际标准制定，力争在深度参与甚至主导国际 3D 打印技术和制造业智能化领域的标准制定方面有更大突破。提早谋划标准规范的制定和应用，加大投入支持标准制定和国际交流，推动我国 3D 打印标准的国际化。

6. 深化体制改革，破除 3D 打印产业及整体产业转型升级的制度性障碍

进一步发挥市场配置资源的基础性作用，按照《深化社会主义市场经济体制改革的若干决定》的精神，结合 3D 打印技术和中国整体产业发展情况，以及大力推进经济体制改革的总体要求，积极营造有利于各类企业公平竞争的市场环境；扶持新兴企业和科技型中小企业发展；健全以能源资源节约、环境保护为主要内容的市场准入管理，推动中国制造业企业积极融合 3D 打印技术。

强化 3D 打印技术和产业相关的知识产权创造、运用、保护和管理，加大打击侵权行为的执法力度，探索"开放源软件"和"开放源硬件"相关的产业生态系统知识产权保护新体制，建立知识产权评估交易机制，鼓励企业建立专利联盟。

中国培育 3D 打印产业的有关理念

1. 尊重新兴产业发展生命周期规律，循序渐进推进发展 3D 打印技术

3D 打印产业，如同其它新兴产业一样，其产业发展的生命周期经历起步、成长、成熟和衰落 4 个阶段。总体上，发端于重大技术创新的 3D 打印产业还处于起步阶段，具有明显不同于成熟产业的特点，显著的表现是：技术创新频发，甚至出现颠覆性技术，引起技术不确定，主导设计尚

未形成；商业模式不成熟，造成市场推广难度大；创新型中小企业不断涌现和产业链重构，引发产业组织结构不断调整变化；技术创新和商业模式创新，导致产业现行治理模式不适应。

推动 3D 打印技术不仅需要短期的商业成功，更需要寻求建立在技术体系基础上的产业发展方式，形成长期发展能力，这是一个艰苦的过程。因此，要注重引导社会各个方面认识和遵循 3D 打印技术作为一种新兴产业的发展规律，克服急躁情绪，争取实现"有所为、有所不为"的阶段性发展标志性成果，避免因急于求成的短期行为而忽视基础性研发工作和产业发展环境的建设，更要避免一哄而上的纷纷建设所谓"3D 打印产业园"的"圈地"行为。

2. 注重培育 3D 打印产业及其产业生态系统的整体

产业生态系统中的不同行为者，包括政府、行业参与者和大学 / 研究机构，在合作创新过程中扮演不同的角色，鼓励其采取一些合作模式，并根据不同主体之间的能力和特定资产来动态选择匹配。

政府机构发挥制定政策的作用，激发 3D 打印技术行业的发展。产业发展早期主要是在市场的需求创造、技术多样化的投入，以及良好市场环境的营造上。3D 打印技术企业和产业生态系统中的龙头企业，在协同创新的生态系统中，是最重要的参与者，同时也是创新网络的协调者。重视培育领先的研究型大学和研究机构的研究能力，推动大学和研究机构逐渐参与到龙头企业为主导的合作创新网络之中。要鼓励中介机构，特别是知识密集型的服务业积极参与到这个产业生态系统之中。

3. 注重长期培育和形成稳定性的激励政策

培育 3D 打印产业，需要注重形成长期稳定的创新发展激励政策。加强对 3D 打印技术融合其它制造业的重视、加强对 3D 打印技术的研究开发、产业化、市场应用等环节的持续支持，并针对 3D 打印技术及其融合产业。在不同发展阶段的要求，及时调整政策重点。在实施过程中，应特别注重保持政策的可预见性、连续性和协调性。比较乐观地预见，2020 年前后，中国有可能在 3D 打印产业发展、融合其它中国关键性的制造业等方面取得突破性进展，例如汽车制造业、通用和专用机器制造业、医疗器械制造、精密仪器制造、航空航天制造业、消费品制造等领域，为推动中国制造业竞争力进入世界第一方阵发挥关键作用。

我国地方发展 3D 打印技术及相关产业的思考

2013 年以来，伴随着美国、新加坡等国政府制定发展 3D 打印技术国家战略，中国政府也在积极制定 3D 打印技术相关产业扶持政策。国家科技部也正在积极准备制定相关战略规划，将 3D 打印技术纳入国家 863 计划的科研项目支持；同时，国家工业与信息化部在酝酿制定 3D 打印中长期发展规划和技术路线图，以推动 3D 打印产业化。在国家部委的推动之下，我国诸多地方政府纷纷出台相关扶持政策，重点支持发展 3D 打印产业。

地方政府积极扶持发展 3D 打印技术的现状

东部沿海地区纷纷制定相关发展战略和扶持政策。2013 年 3 月下旬，中国首个 3D 打印产业创新中心正式落户南京，同时江苏省出台了相关产业发展的配套政策。广东珠海随后也建立了 3D 打印产业创新中心，并给出了优厚的条件——包括与联盟对半投资成立公司，提供大幅商业开发用地，减三免二等优惠；广东省也正酝酿投资十几亿元建立 3D 打印产业园。

2013 年 5 月，青岛把 3D 打印作为重要的战略性新兴产业，已经研究编制了 3D 打印产业行动计划，以该产业为主导的青岛市高新区盘古科技园 8 月投入使用。北京、浙江杭州也一直在酝酿出台相关的产业发展规划和配套措施。2014 年 3 月，北京市发布《促进北京市增材制造（3D 打印）科技创新与产业培育的工作意见》，旨在全面推进 3D 打印科技创新与产业培育，取得战略性新兴产业发展的主动权，抢得 3D 打印技术制高点，提升北京高端装备制造产业核心竞争力。该《意见》指出了促进全市 3D 打印科技创新与产业培育的必要性和重要性，明确了指导 3D 打印科技创新与产业培育的基本原则和主要目标；从攻克重大关键技术、构建完善科技创新平台、推动科技成果转化、优化产业布局等四个方面提出了 3D 打印科技创新与产业培育重点任务；同时提出了促进 3D 打印科技创新与产业培育的保障措施。与此同时，杭州市发布了《杭州市关于加快推进 3D 打印产业发展的实施意见》，提出了"技术先进、应用导向、协同创新、分步实施"的发展思路，明确了"3D 打印设备、3D 打印材料、3D 打印软件、3D 打印服务"的重点领域，设定了发展目标，即力争到 2015 年，培育 2-3 家产值超亿元的骨干企业，认定一批 3D 打印应用示范企业，建设覆盖全省、辐射全国的 3D 打印服务中心，使杭州市成为国内 3D 打印产业率先发展的重要城市。

中西部地区也几乎在同一时间内出台相关的政策和计划。四川成都拟在其周边地区的电子、汽车、机械设备等企业推广 3D 打印技术。在湖北，武汉东湖高新区也在打造 3D 打印工业园，该项目由华中科技大学主导，规划首期用地 500 亩。陕西省在该领域具有良好的研发优势和产业化基础，陕西省科技厅将其作为支撑全省产业转型升级、培育经济新增长点的重要方向给予支持。一方面，牵头成立陕西省 3D 打印产业技术创新联盟，将 32 家产学研单位紧密团结起来，统筹人才、技术等资源，实现强强联合，共同发展，为陕西省进一步做大做强 3D 打印产业奠定了良好基础。另一方面，针对联盟加盟企业现有资产规模小、产业聚集度弱、产业化能力普遍较低、新兴市场需要进一步培育等情况，陕西省科技厅通过专项资金支持、设立风险投资子基金、建立科技贷款风险补偿机制、引入专业中介服务等措施，吸引社会资本和金融机构为 3D 打印产业提供专业化服务，为企业成长和产业发展搭建起良好平台。陕西省科技厅设立"推进 3D 打印重大中试和产业化科技专项"资金，已安排经费 5000 多万元，支持企业、院所和高校开展科研攻关；支持西安、渭南高新区建设 3D 产业园区。西安高新区在新材料产业园规划中建设 3D 打印产业园；渭南高新区的 3D 打印产业培育基地包含 3D 打印产业孵化园和 3D 打印产业成长区，两个产业园区预期 5 年左右可形成年产值 100 亿元的产业规模。

　　无论是工业化较发达的东部沿海地区，还是处于工业化追赶阶段的中西部地区，都对 3D 打印技术呈现出极高的热情，并出台相关的扶持政策来推动发展。这一部分归功于中央部委的推动，另一部分也源自于研究机构和媒体的推动作用。另外，地方政府也在转型升级的压力，以及扶持发展战略性新兴产业的现有激励机制之下，对于各类新兴技术和新兴产业的发展战略制定做出了各自的最优选择。

　　然而，地方政府推动产业快速发展的方式主要是依靠短期内动员资金、土地和研究开发的大量投入，这是我国得以迅速推进类似 3D 打印、光伏等战略性新兴产业发展过程的主要动力和成功经验之一，但是同时也常常带来了产业发展雷同、盲目重复建设、产能过剩等一系列问题。

3D 打印技术对于中国地方产业／区域发展的影响模式及支撑前提

普遍认为 3D 打印技术是能够"与其他数字化生产模式一起，推动实现以智能化为特征的第三次工业革命"。有学者认为，短期而言，3D 打印难以对中国整个传统制造业模式产生颠覆作用，因为 3D 打印是新的信息化技术和精密技术的融合，与机器大生产相比，是平行关系而不是替代关系，短期内定位有助于推动产业升级将更为实际。关于 3D 打印技术对中国地方发展的作用模式，我们认为，可以从一个 2×2 的维度来分析（见表 4-1）：第一个维度是产业技术领域，包括 3D 打印技术自身、结合 3D 打印技术的应用产业 2 个方面；另一个维度是地方因素维度，包括地方产业发展、地方支撑条件因素。

表 4-1 地方发展 3D 打印技术的影响模式及支撑条件

产业技术／地方因素	产业／区域发展	支持条件因素
3D打印机自身所需技术	信息技术、精密机械、材料科学、人体干细胞等3D打印自身技术发展的领域	1.3D打印机相关技术领域的科技基础、人才支撑、产业基础； 2.自身掌握关键核心技术； 3.国内市场需要（对大批量3D打印设备的市场需求）
应用3D打印技术的相关产业	结合3D打印技术提升对制造业（特别是关键零部件）的制造水平的主要产业：汽车制造业、通用和专用机器制造业、医疗器械制造、精密仪器制造、航空航天制造业、消费品制造等领域，均可能结合	1.关键制造技术：在装备制造和工艺控制方面，工艺稳定性、核心元器件等关键技术及产品需要突破； 2.核心打印原材料：需要可市场化、成本低/大批量的3D打印原材料； 3.产业组织模式、龙头企业及其商业模式创新：对于科研和产业化组织，是以企业为主体、以产学研相结合的组织模式；一批龙头企业及相应的商业模式创新和推广应用； 4.高技能员工：要求大部分产业员工具备长期结合3D打印技术应用到相应产业的经验基础和专门技能

来源：部分观点参考了全国政协副主席、科技部部长万钢在 2013 年全国政协会议上的观点。

3D 打印技术发展对于中国地方产业／区域基础条件的要求

1. 关于 3D 打印自身发展所需的技术

高附加值的核心"3D 打印机"装备类产品，属于"高端制造装备业"，这类 3D 打印机自身将是整个 3D 打印产业链条"微笑曲线"的高端。中国各地区需要避免重蹈其它战略性新兴产业（如光伏产业）发展的旧轨，不能一哄而上的简单引进制造，形成大量重复建设和产能过剩，不应一味从发达国家引进 3D 打印设备、而自身只负责组装和制造过程，应摆脱依靠低成本劳动力竞争的发展模式。因此，中国地方上应将研发、产业化高附加值的核心"3D 打印机"装备类产品，作为发展的最核心目标之一。

3D 打印的发展涉及到打印技术、控制软件、材料开发、精密机械、人体干细胞等核心技术。当前时期，3D 打印机技术本身离成熟还有较远距离，核心领域的技术研发如打印技术、材料开发、控制软件等还存在明显不足。不仅中国如此，美国、德国、日本等全球制造业强国也尚未形成成熟的技术。

2. 地方培育 3D 打印产业所需的基础条件

首先，培育 3D 打印产业，要求一个地区应该拥有发展 3D 打印相关技术领域的科技基础、人才支撑和产业基础。通常情况下，3D 打印最核心的技术包含：材料科学、精密机械、信息技术和人体干细胞等。同时，需要拥有这些方面的产业基础，因为新建一个相关的产业，需要一系列的互补性资产投入，并带来沉没成本，这将对地方上新建 3D 打印基础设施要求更高的投入；另外，地方需要为 3D 打印的产业化提供源源不断的高技能人才支撑：要么当地或附近拥有相关的高技能人才教育机构（大学），要么该地需要具备足够的吸引力，吸引相关的高层次人才。

其次，地方培育 3D 打印产业，要求先打造 3D 打印产业，需要在打印方式、打印材料、数字化软件等关键领域拥有自主知识产权优势，或者拥有集成这些关键技术的"开放式创新"集成能力。

再次，地方如果重点培育 3D 打印产业发展，需要有足够的市场需求，这个市场需求主要是指国内市场需要（对大批量3D打印设备的市场需求），原因是：中国目前是世界上最大的制造业大国，而且对于传统产业转型升级的内在压力最大，需求市场也是最大的之一；新兴产业从一开始就应注重"出口战略"到发达经济体，中国企业往往仅采取"低成本"战略，而非技术创新能力培育，这又可能导致中国本土 3D 打印技术企业重新走回创新能力低、依靠低成本的传统老路子。

中国地方运用 3D 打印技术来发展相关产业的支撑条件

1. 地方运用 3D 打印技术的主要产业领域

地方运用 3D 打印技术的主要产业领域，主要归结为以下几个：首先，对于一些大型复杂构件产品来说，3D 打印技术能节省材料、方便加工、缩短周期、降低成本，例如航空航天制造业、复杂医疗器械业等；其次，精密化的"打印"领域，对低附加值产业可能会取代，使其成为高附加值产业的制造业；最后，制造业的"柔性定制"和"个性化定制"能够更加接近消费者和市场，制造模式可以更加贴近消费者需求。结合 3D 打印技术提升制造业（特别是关键零部件）制造水平的主要产业有汽车制造业、通用和专用机器制造业、医疗器械制造、精密仪器制造、航空航天制造业、消费品制造等领域。

当前阶段，中国各区域产业发展中，均面临着产业生产效率低、产业技术水平不高、能耗和原材料利用率不高、产品功能单一和处于产业价值链中的中低端等问题，面临着来自全球发达国家从产业高端和其它新兴国家从产业中低端领域的挑战。因此，各地方可以借助运用 3D 打印技术，提升制造业的整体竞争力。

2. 地方运用 3D 打印技术来发展相关产业的支撑条件

第一，一个地区运用 3D 打印技术来支撑本土产业发展，是一个具有一定复杂性的传统产业制造领域的重要转型升级过程。这要求，对 3D 打印技术和与其相支撑的产业关键制造技术，在装备制造和工艺控制方面，需要工艺稳定性、核心元器件等关键技术及产品取得突破。

第二，要求地方对核心打印原材料提供配套支持。结合 3D 打印技术来支撑相关产业发展，需要该地具有可市场化、成本低、大批量的 3D 打印原材料。这些原材料不再是传统意义上的已铸造的零部件，而是可以直接通过 3D 打印来实现直接加工（快速成型）的材料。这将对地区已有零部件产业的布局产生影响，而且对地区低成本、快速地提供配套原材料，提出更高要求。这也将对传统的原材料来源地（而非制造业集中地）带来发展的新机会。

第三，运用 3D 打印技术发展相关产业，对地方上的产业组织模式、龙头企业及其商业模式创新提出新的要求：需要以运用 3D 打印技术的企业（需求方）为主体，开展科研和产业化的组织工作，建立产、学、研、用相结合的组织模式；这个过程，需要一批运用 3D 打印技术的龙头企业，并构建相应的创新商业模式、网络平台等来推广运用。

第四，要求该地区拥有高技能的人才和员工。要求熟悉机械制造、计算机 CAD 设计技术的专门人才，需要大部分产业员工具有将 3D 打印技术运用到相应产业的经验基础和专门技能。这对地方上的人才培训和供给模式上提出新的要求，而不能仅依靠低成本的劳动力来支持。

关于我国地方发展 3D 打印技术及相关产业的思考

当前，中国地方政府在加快发展 3D 打印技术等战略性新兴产业的积极性很高，东部地区希望通过发展 3D 打印产业继续保持经济技术优势，中西部地区则希望借助 3D 打印产业改变目前相对不利的经济地位和分工关系，实现跨越式发展。但在总体态势发展良好的同时，各地发展 3D 打印产业还存在以下问题：地区政策进一步趋同，3D 打印技术开发能力没有同步增强，与已有的制造业的联系机制和转型升级融合度不高，市场机制的作用受到削弱，企业的科技创新能力明显不足。对于未来我国地方发展 3D 打印技术及相关产业的战略，我们提出建议如下：

1. 地方政府在选择和发展 3D 打印技术及相关产业时，应具有战略眼光

据测算，全球 3D 打印产业包括创意、设计、打印、物流和服务的延伸产业的年产值规模最高可达 1 万亿美元，远远大于 3D 打印机器和材料产业的 30 亿美元规模。地方应避免以新瓶装旧酒或纯粹"打造概念股"，建议应持续跟踪 3D 打印技术发展进程、对如何融合本地的现有产业发展进行较深入地预先研究，并根据本地的资源禀赋特点和优势，选择是重点发展 3D 打印产业，还是重点应用 3D 打印技术以发展相关的重点产业领域，尽量避免与其他省市过度雷同。在形成战略性思考方面，需要广泛动员社会各界的智慧和力量，通过联合开展课题研究，推动产学研融合，快速培育和形成相关产业。例如，2014 年 9 月 11 日，北京市科委发布《关于征集"北京增材制造（3D 打印）科技创新与产业培育"2015 年科技计划储备课题的通知》，向社会公开征集"北京增材制造（3D 打印）科技创新

与产业培育"2015 年科技计划储备课题，提出了重点支持方向：一是重大技术突破和装备研制。（1）复杂金属构件直接制造领域 3D 打印重大技术突破和装备研制；（2）医疗器械和健康服务领域 3D 打印重大技术突破和装备研制；（3）大众消费和创意设计领域 3D 打印重大技术突破和装备研制。二是 3D 打印产业链相关技术和设备研发：（1）3D 打印用材料研发；（2）3D 打印装备控制系统研发；（3）3D 打印装备关键功能部件研发；（4）3D 打印工艺应用软件开发；（5）3D 打印配套装备或后处理装备研发；（6）3D 打印相关标准的研究。三是 3D 打印技术重大示范应用。四是其他 3D 打印科技创新与产业培育的相关工作。

2. 地方联动发展，形成功能互补的区域 3D 打印产业发展布局

根据前面的讨论，发展 3D 打印技术及应用 3D 打印的相关产业，各地区应选择符合自身的发展模式。一部分发达地区（特别是沿海发达地区），要充分发挥 3D 打印产业科技资源优势，突出高端化发展，注重原始创新，使得全球产业资源和高端创新人才产生集聚，推动一批自主知识产权和核心技术的形成，快速发展高端产业和高端环节产品，推进迈入更高层次，提升国际竞争能力，形成全球知名、全国重要的 3D 打印机及相关产业引领发展区。中部地区，特别是有 3D 打印相关产业基础、具备良好国家科研基础设施的地区，需要结合产业基础优势，注重开放式创新，突出国际化发展，使得部分领域的关键环节能够突破，使得高附加值产业链得到发展，建设一批 3D 打印产业集聚区，形成利用 3D 打印提升传统产业的示范区，促使产业国际化分工中的层次和地位得到提升，与东部沿海地区融合发展，在更大范围内、更广阔的区域上形成全国 3D 打印产业带动发展区。西部地区要充分发挥特色资源优势（特别是在 3D 打印的原材料领域优势），

突出引进合作发展，注重引进消化吸收再创新，培育3D打印基础材料产业发展的新亮点，探索合作发展新模式，加快规模化发展，尽快成为有影响力的3D打印材料产业成长区。

3. 各地实施创新驱动战略、有序突破3D打印技术及相关产业的重点领域

一方面，针对3D打印技术本身，突出合作创新、开放式创新和自主创新，对国内外创新资源充分利用，推进一批共性技术和关键技术的突破，掌握自主知识产权，以新技术突破带动形成新产业。另一方面，针对3D打印技术相关产业的发展，重点突破，选择本地最有基础和条件的优势产业作为突破口，统筹规划，分步实施，集中资源，重点推进，实现3D打印技术与本地产业的整体融合发展，以及重点领域跨越发展。

4. 地方政府需要优化3D打印产业的发展环境

建议各地建立3D打印技术融合相关产业的示范推广机制，完善激励机制，引导重大工程、重大项目优先采用3D打印技术及应用3D打印技术的相关产业产品、设备及服务。完善政府首购、采购制度，支持重点企业突破关键技术，开拓国内外市场，提升产业核心竞争力。切实把3D打印产业基础设施建设、3D打印产业产品开发与本地产业转型升级相连接，促进更多的3D打印产业产品和服务"飞入寻常百姓家"，如健康食物、修复性健康医疗领域、玩具、教学等。

5. 各地应重视培育需求方，并激励相关企业商业模式创新

各地在发展3D打印技术及相关产业过程中，重点对消费者、使用者、采购企业以及相关物流企业等给予政府补贴等财税支持政策。当前，工业设计、文化创意等方面已经成为3D打印的先导性应用市场，对这类使用

者在政府采购上也要给予倾斜和支持。针对 3D 打印技术领域的商业模式创新，各地政府应该从基础设施建设、公用平台提供等角度来扶持和加速其商业模式创新，促进 3D 打印技术及相关产业的商业化发展。

中国企业如何应对 3D 打印技术带来的机遇和挑战

作为国民经济和产业发展的微观主体，3D 打印技术将会对企业运行和发展模式产生深远的影响。中国企业，特别是中国制造领域的企业，正处于从依靠低成本、高投入、粗放式的发展模式，向依靠创新驱动实现高端设计、研发的发展模式转型升级的进程中。当前，中国也正处于工业化和信息化深度融合的重要发展阶段，3D 打印技术正是推动中国制造业企业信息化、智能化发展的重要变革技术。在经济和科技全球化背景下，中国企业面临着复杂的全球竞争环境：处于产业发展从引进到自主创新的追赶过程、处于企业市场全球化和来自发达国家跨国公司的国内市场竞争之中、处于中国企业嵌入全球制造网络之中；同时中国企业又面临着从计划向市场转型的制定变迁过程中。在这样复杂的背景下，3D 打印技术给中国企业发展、获取全球竞争力既带来机遇，又带来挑战。中国企业需要重新思考发展模式并制定相应的战略。

企业竞争战略基本理论回顾与中国企业竞争优势的现状探析

1. 企业竞争战略的基本理论简要回顾

在 3D 打印技术快速发展的背景下，中国企业制定相关战略的核心是：如何在全球竞争中获取竞争优势？这需要重新回顾企业竞争战略的一些基本理论，包括结构学派、基于资源观（Resource-based）的理论、动态能力（Dynamic Capability）理论和基于学习观（Learning-based）的理论等。

企业获取竞争优势的第一种观点称之为"结构学派"，主要是从产业机构分析来确定竞争战略的基础，其比较实用的分析工具是"SWOT分析"，即对企业面临的优势（Strength）、劣势（Weakness）、机遇（Opportunities）和威胁（Threats）进行分析，从而制定出相应的战略。第二种观点是"基于资源观"的理论，该观点强调"资源"的重要性，指出一个企业如果要获得佳绩，需要获取一系列独特竞争力的资源，并将之配置到企业的竞争战略中，这些资源主要是难以模仿、具有一定独占性的资源。第三种观点是"动态能力观"，认为企业获取竞争优势的关键是培育一种动态的竞争能力，具备某种核心能力、或者整体能力（企业整体价值链的整体优势）。第四种观点是"基于学习观"的理论，其认为竞争优势的关键是企业的动态学习能力，即根据环境的变化、自身的内部条件等，培育一种学习能力，并使得本企业掌握技术创新能力和核心资源。尽管上述四种观点存在着一定的差异性，但从总体上而言，这些关于企业竞争战略的理论内涵是一致的。

2. 中国企业竞争优势的现状探析

整体上来看，当前阶段中国企业的全球竞争优势不明显，甚至是处于全球分工体系中的价值链中低端，特别是制造业领域和知识密集型服务业领域。

从制造业来看，中国的制造业企业虽然整体规模上已经处于世界前列，但本土制造业企业的竞争优势不明显，特别是本土高技术制造业企业的竞争优势显得比较弱。多数本土企业并没有产品质量、品牌或多样化的优势，而是依靠低成本（低劳动力、低厂房价格和较低的原材料价格）、中低品质的战略；制造业企业多数以简单模仿战略为主，较少掌握核心资源，也通常较少在研发（R&D）领域进行投资。根据国家科技部 2009 年的一项数据显示，中国制造业企业中有 90% 以上没有设立研发机构、也没有申请专利。我国制造业企业目前的现状是，所谓创新，也就是"九成模仿、一成突破"，多数企业采取的技术路线是遵循"逆向"分解与模仿创新；企业普遍忽视前沿性、平台性、长期性技术研发，持续依赖技术引进和进口零部件；在国内仅完成加工组装或者简单的制造过程，附加值高的环节多数是留在美国、西欧、日本等发达国家内。同样的，中高技术制造业企业的研发（R&D）投入也较低，特别是在制药、航空航天、光学和精密仪器、机床、交通工具、通用机械等行业。另外，中国制造业企业的能耗大、二氧化碳排放和环境污染较为严重，这是粗放型发展导致的不良后果。

另外一个反映中国制造业企业竞争优势不明显的现象是：与先进制造业紧密相关的"生产性服务业"，或者称之为"知识密集型服务业"发展相对滞后。以汽车制造业为例，中国本土企业中，与汽车制造相关的汽车设计、性能测试（汽车碰撞模拟和监测等）、汽车物流等相关的知识密集型服务业发展缓慢，导致中国本土汽车厂商的整体国际竞争力受到较大影响。在传统制造业领域，例如纺织服装、皮革、轻纺等制造业领域，促进生产性服务业与制造业融合，是提升中国制造业国际竞争力的有效手段。但除了在长三角、珠三角和京津唐等主要发达地区之外，中国的知识密集型服务业发展相对缓慢，对于中国传统制造业的转型升级、国际竞争力提升支撑作用不显著。

3. 3D 打印技术对中国企业竞争优势的潜在影响

分析 3D 打印技术对企业竞争优势的影响，首先从一个企业内部基本业务流程来解析 3D 打印技术对基本业务活动和整体竞争优势的影响过程和机制。美国哈佛大学商学院教授迈克尔·波特在其经典著作《竞争战略》一书中，将一般企业的内部基础业务流程划分为基本活动、支持性活动两个部分（见图 4-2）。一般制造业企业的内部基本业务流程活动包括：原材料采购和物流（进料后勤）、生产制造过程、内部物流（发货后勤）、销售和售后服务等；支持性活动主要包括研究与开发（R&D）、采购、人力资源管理、企业基础设施等。

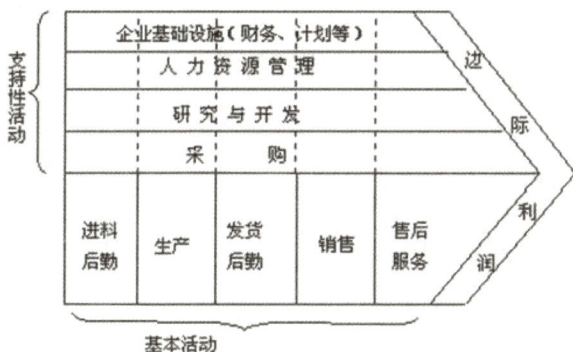

图 4-2 一般制造业企业内部基础业务流程

来源：迈克尔·波特：《竞争战略》，华夏出版社，2000 年译本

（1）3D 打印技术对企业的原材料采购和物流产生的潜在影响

首先，3D 打印技术运用塑料、生物材料和粉末状金属等可粘合材料，对于物体技术的构造采用逐层打印的方式，可以直接从计算机图形数据中生成任何形状的零件，无需机械加工或任何模具；其次，3D 打印使难加工材料可加工性得到提高，使工程领域能够拓展；最后，3D 打印使绿色的制造模式得到开拓，节省了材料，面向制造工艺的设计是传统的方法，现在可能是面向性能的设计；此外，3D 打印还可能通过与云计算和云网

络服务结合，实现远程的分布式工作，这将对企业传统的原材料采购和物流模式产生冲击，不仅对原材料来源地，还对内部物流（发货后勤）等产生一系列影响。

（2）3D 打印技术对企业的生产制造和销售模式产生的潜在影响

3D 打印技术对企业的生成制造过程的最大影响是，有可能促成其制造过程发展为由小规模、分布式节点组成的"云制造"。因此，制造过程将由"大批量标准化生产"、"大批量定制"向"个性化量产"和"差异化生产"模式转变。

另外一方面，从未来消费者需求角度看，伴随着购买力加强、全球化竞争和供给方不断多样化以及供给不断深化过程，消费者对于需求的多样化和复杂度要求也不断加强，从而对新奇、个性化的产品需要增多。3D 打印技术正好是企业实现"个性化量产"和"差异化生产"的有效手段。

（3）3D 打印技术将改变企业的研发与开发（R&D）活动模式

在个性化需求逐渐占据主导地位的消费时代，3D 打印产业化将会对中国制造业企业的 R&D 模式产生巨大的影响。一是要求企业具备良好的设计能力，包括零件设计和模具设计方法的变化，这将可能带动制造业企业的转型升级；二是需要企业改变传统的研究与开发（R&D）模式，企业不仅应重视自身的研发，还应加强"开放式创新"和集成能力的培育，整合原材料供应方、消费者需求方和自身的研发能力，以获取整个供应链上的创新能力和竞争优势；三是要求企业自身更多地投入到研发活动，特别是对"改进型 / 适应型"的 R&D 提出更高要求，无论是倡导创新型的企业、还是追随型的企业，均需要重视对适合自身企业发展所需的 3D 打印技术及辅助技术领域进行开发和投入，特别是在设计软件开发、新材料研发、关键制造技术和智能化融合技术等领域的研发。

（4）使得企业人力资源管理和其它业务流程朝着更为知识密集型方向发展

应用 3D 打印技术的企业，一方面，要求大幅度增加具备将 3D 打印技术应用到相应产业的"知识密集型"高技能员工数量和质量，其中，员工技能包括软件设计能力、复杂制造技术及流程管理技能、对市场需求把握和相应的"个性化量产"分析能力等；另一方面，由于 3D 打印过程提升了企业的智能化水平，在很大程度上替代了部分知识技能要求不高的手工劳动。3D 打印技术的使用，将可能使得企业内部的员工结构发生较大转变。

（5）3D 打印技术将促进中国企业从低成本向创新竞争的战略转型

中国企业，特别是制造型企业，往往以采取低成本劳动力的战略来获得比较优势，在人力资源管理方面，也以传统的管理方式为主。融合 3D 打印技术之后，企业中的"知识密集型"高技能员工数量和质量将会大幅度提升，这也要求中国企业转变传统的人力资源管理模式。同样，结合 3D 打印技术的企业，在从传统的发展模式向更加知识密集型的模式发展过程中，其管理模式，经营思维和其它相关的业务流程也要进行配套转型。

不可否认，低成本战略（成本领先战略）仍然是企业获取竞争优势的重要手段之一，但是仅靠低成本战略将使得中国企业被"低端锁定"。因此，需要融合 3D 打印技术推动企业知识密集竞争力提升，推动中国企业从单一的低成本战略，向多样化、目标集聚等创新驱动的竞争战略转型。

新形势下中国企业应对 3D 打印技术带来影响的策略思考

1. 主动关注 3D 打印技术发展动态，评估其对本企业竞争优势的潜在影响

市场经济条件下，企业是自主决策的主体，而企业的基本性质决定了是以盈利为主要目的。如何获得盈利，以及如何维持企业动态竞争优势，是企业根据动态环境下做出的最优决策。对于企业是否关注 3D 打印技术，以及是否在短期内采纳和融合 3D 打印技术，往往是企业根据自身的盈利能力和影响其动态竞争优势的因素来决策的。

鉴于 3D 打印技术对企业（尤其是制造业企业）的内部基础业务流程可能产生的深远影响，需要中国企业，特别是具有领先创新意识的企业，主动关注包括 3D 打印技术在内的新兴技术的发展动态，及其对本行业和企业竞争力可能产生的影响。

根据企业自身已经采取的竞争战略（低成本、目标集中或组合战略），评估 3D 打印技术对整体竞争战略的潜在影响，并针对 3D 打印技术对企业业务流程角度的影响进行评估，制定企业战略转型的方向和规划。

2. 深入评估 3D 打印技术对本企业不同业务流程的改进价值和转换成本

企业采纳新技术（如信息化技术采纳）的过程往往是一个渐进性的过程，有利于更好的学习和吸收。同样的，渐进性的企业战略转型和组织变革也通常是多数企业采纳的策略，因为企业需要克服"组织惯性"等障碍，这通常需要一个渐进的过程。

中国企业应用和融合 3D 打印技术的过程，也需要一个渐进式的过程。需要深入评估 3D 打印技术对本企业不同业务流程产生的可能影响，以及

对组织变革和战略转型的增值程度和实施成本。分析企业自身采纳和融合3D打印技术，主要包括原材料采购和物流、生产制造和销售模式、研发与开发（R&D）活动模式、人力资源管理和其它业务流程的潜在价值、组织变革的影响程度和难易程度、交易成本的大小等因素。

3. 制定实施本企业组织变革和融合3D打印技术的进程安排

面临着日益竞争激烈的全球环境，中国企业转变发展战略、实施组织变革以获取适宜的竞争策略，是一个必然的过程。中国企业可以选择主动实施变革的策略，也可以选择被动的追随型策略。企业选择3D打印技术的融合过程，也是面临着类似的选择过程。但无论是主动式、还是被动式策略，中国企业均需要制定一个组织变革的进程安排。

中国企业可以根据行业竞争态势环境、自身的内部条件，来选择"休克式疗法"或"渐进式疗法"的组织变革，并采取相应策略来融合3D打印技术。

4. 积极开展组织学习，应用3D打印技术来积累核心资源并培育动态竞争能力

根据企业竞争力基本理论可知，中国企业需要根据环境的变化、自身的内部条件等，培育一种学习能力，使得本企业掌握技术创新能力和核心资源。3D打印技术是一种引发企业技术和管理变革的重要引擎和工具，需要中国企业主动开展相关的技术学习和组织学习，通过实施战略转型和组织变革，根据自身所处的行业特征、外部环境和内生的资源基础，动态积累核心资源和培育竞争能力。

当然，并不是所有的企业都适合均衡地采取相同的3D打印技术融合策略，不同所有制、不同规模、不同基础条件的中国企业，需要结合动态

环境，选择适合的策略。

精华小结

3D打印技术将会对中国的制造业、第三产业和出口等方面产生深远影响。借鉴发达国家经验，在国家层面上，我国应做好战略制定的顶层设计，培育自主创新能力，衔接人才培养与市场需求，培育可持续的市场需求，积极利用国际创新资源，破除3D打印产业及整体产业转型升级的制度性障碍。在地方层面上，我国地方应具有战略眼光，优化3D打印产业的发展环境，各地联动发展，突破重点领域，培育需求方。在企业层面上，企业不能忽视3D打印技术对自身发展的潜在影响，应主动关注3D打印技术的发展动态，深入评估其对本企业不同业务流程改进的价值和转换成本，制定企业变革和融合3D打印技术的计划，并积极学习，应用3D打印技术来积累核心资源并培育动态竞争能力。国家、地方、企业三者联动，中国3D打印技术的发展必将如虎添翼，生机勃勃。

附录：

美国国家增材制造创新研究院（NAMII）简介

NAMII的领导机构国家国防制造与加工中心主任兼NAMII的主任Ralph Resnick表示："作为公私合作关系，NAMII采用了工业界和政府共享领导权的模式。我们相信这种领导模式将促进所有成员之间的合作，加速增材制造技术的发展和美国制造部门的创新。"

美国国家增材制造创新研究院宣布执行委员会名单

学术界：

Gary Fedder，卡内基·梅隆大学；

Jim McGuffin-Cawley，凯斯西储大学；

工业界：

Eric Barnes，诺思罗普·格鲁门公司；

Jim Williams，3D 系统公司；

非盈利组织/协会：

Tim Shinbara，美国制造技术协会

Mark Tomlinson，美国机械工程协会

政府：

Bruce Kramer，国家科学基金

John Russell，国防部

Robert Ivester，能源部

NAMII 授予的项目

（1）由零件生产商 RP+M 小企业承担的"熔融沉积成型（FDM）零件制造"项目。该项目将使 NAMII 更为了解高温聚合物 ULTEM9085 的属性及优势。该项目主要成果包括一份设计指南、关键材料和工艺数据、材料、零件和工艺认证。

（2）由美国凯斯西储大学承担的"再利用和复原加工的增材料制造工艺和流程资格"项目。该项目将开发、评估和认证用于修复和再利用工

具及模具的方法。压铸工具十分昂贵且需要很长时间来制造，每个工具的价格有时会超过 100 万美元。使用修复和再利用工具及模具可节省能源和成本，缩短交货时间，通过使用该团队开发的增材制造技术，可延长工具使用寿命。

（3）由美国凯斯西储大学承担的"粉末床直接金属增材制造工艺的快速认证方法"项目。该项目将有助于提升工业界了解和控制微细结构和力学特性的能力。

其他项目包括：美国密苏里科技大学承担的"用于复合材料制造和液压成型的稀疏制造快速加工的熔融沉积成型"项目；诺格公司航空航天系统分部承担的"复杂复合材料加工的熔融沉积成型"项目和"高温选择性激光烧结技术和基础设施"项目；美国宾夕法尼亚州立大学直接数字化沉积创新材料工艺中心承担的"用于增材制造工艺监测与控制的热成像"项目。

（资料来源：中国国防科技信息网）

第五章 纲举目张：3D 打印发展的政策建议与法律问题

泰山不让土壤，故能成其大；河海不择细流，故能就其深；王者不却众庶，故能明其德。

——《史记·李斯列传》

3D 打印产业发展是推动我国由"工业大国"向"工业强国"转变的重大机遇之一。3D 打印产业的健康发展需要在政策和制度设计方面进行全面统筹。本篇从 3D 打印产业顶层设计与产业统筹规划，技术创新体系建设，金融财税政策建设，产业支撑体系建设，教育和人才培训体系建设，以及法律法规政策制定等方面，提出相应的政策建议。

加强顶层设计和统筹规划

推动 3D 打印产业健康发展，首当其中是要加强 3D 打印产业的顶层设计和统筹规划。加快研究和出台国家 3D 打印产业的发展规划，并在我国工业转型升级、发展智能制造业的相关规划中对涉及 3D 打印产业给予政策衔接。从战略层面重视 3D 打印产业的发展，深入研究并把握 3D 打印技术及产业的发展趋势，制定出符合中国国情的 3D 打印技术及产业中长期发展战略和行动计划。

将发展 3D 打印产业作为国家战略，制定产业化中长期发展战略和行动计划

建议国家高度重视 3D 打印技术可能带来的制造业变革，深入研判全

球 3D 打印技术及产业化的发展趋势，制定符合中国国情的 3D 打印技术及产业化中长期发展战略和行动计划，将发展 3D 打印产业作为国家战略。对全球 3D 打印技术及国外 3D 打印产业全面地分析，对我国 3D 打印技术及 3D 打印产业目前的发展状况、存在问题和解决方案等深入研讨，制定出我国 3D 打印技术发展路线图和中长期发展战略。

成立 3D 打印产业发展领导小组

建议国家层面上成立"中国 3D 打印产业发展工作领导小组"，研究制定相关行动计划，并负责组织、协调和管理。建立多部委联席会议和协同推进机制，由发展改革委员会、财政部、科技部、工业和信息化部、教育部、人力资源和社会保障部等国家部委组织相关科研机构专家研究制定 3D 打印技术发展路线图和中长期发展战略，明确这一产业的发展原则、阶段目标、技术路线、重点任务和政策措施，做好顶层设计和统筹规划。

系统性整体性攻关

建议工业和信息化部、科技部等为 3D 打印技术设立重大专项，开展 3D 打印相关软件、工艺、材料、装备、应用、标准及产业化的系统性和整体性攻关，推进建设 3D 打印制造技术与其他先进制造技术融合的新型数字化制造体系。

指导地方加快试点示范与推广

3D 打印产业目前还属于幼稚产业，需要国家相关部门带头布局，统筹安排，在已经有一定发展基础的地方先设试点，试点的选取要考虑当地的技术条件、人才资源和市场需求等，建立标准化、成规模、成气候的 3D 打印产业示范基地，并在试点示范的过程中，积累经验，逐步解决其中存在的问题，制定行业标准，为推广做好充分的准备。试点示范过程中，应密切关注市场动态，寻求与当地的制造业等其他产业的结合、协同发展，并通过 3D 体验馆等的建设，拉近 3D 打印技术与民众的距离，开展 3D 打印技术的民用推广和普及。

3D 打印的初期发展，需要国家相关部门进行合理安排和统筹布局，在有人才资源、市场基础和技术积累的地方先行先试，依据实施的效果再进行推广。在汽车制造、航空航天和生物医疗等领域开展一些示范应用，在这一过程中，制定相关行业标准，积累一些发展经验。在全国范围内，建议选择需求大的、筛选技术条件好的代表性省市，在这些地区建立 3D 打印应用示范基地，分层次和分步骤地开展应用示范，形成标准化、自主知识产权和通用性的应用平台，推进技术、产业和应用协调的快速发展，积极探索和积累 3D 打印的运营和管理经验。在推广应用和试点示范的过程中，基于市场的需求，将各地的工业特色和基础相结合，推进相应的 3D 打印技术发展。需要清晰的了解，当地的优先发展产业或者主要产业需要配备哪些 3D 打印技术。另外可开设类似 3D 照相馆式的工作站，开展 3D 打印的应用推广和普及。因此，对于 3D 打印技术，各级地方政府应针对当地产业实际需要的技术，进行大力、持续性的扶持。

建议将 3D 打印技术作为国防科技、重工业以及具有重要经济地位产业的重要支撑发展技术之一。国家应重点选择在航空航天、汽车模具、医疗器具等领域进行 3D 打印技术的推广应用，加快推进产业化。

引导产业资源循环再利用

将 3D 打印产业打造成为既经济又环保的和谐型产业。未来经济的发展要重视经济与资源环境协调，对于 3D 打印产业环保型原材料的研发应给予同技术研发一样的重视。建议通过政策鼓励和支持 3D 打印材料的研发，特别是加大对环保型、能迅速降解、能反复打印、能回收再利用的耗材的研发。出台实施财政补贴、税收优惠等政策引导环保型材质生产企业进入 3D 打印产业，共同为 3D 打印产业未来的腾飞做好准备工作。

推动 3D 打印技术前沿的理论研究

立足国家发展战略高度，推动 3D 打印前沿技术课题、尖端应用以及基础理论研究。作为未来可能的战略性新兴产业，3D 打印占据产业技术发展高地的意义无需多言。国家应当为 3D 打印技术设立重大专项，开展 3D 打印相关工艺、装备、应用、软件、标准及产业化的整体性和系统性攻关，推动 3D 打印制造技术与其他先进制造技术融合的新型数字化制造体系的建设，将“973 计划”、“863 计划”、国家基金及各省部级资助计划进行统筹，对 3D 打印技术的基础理论研究、重大装备及应用、成果转化、区域示范应用推广等分别分层次资助。目前，我国已经在《国家高技术研究发展计划（863 计划）、国家科技支撑计划制造领域 2014 年度备选项目征集指南》中列入 3D 打印领域相关项目，包括 3D 打印关键技术、装备研制聚焦、模具领域的需求，突破 3D 打印制造技术中的核心关键技术，研制重点装备产品，并在相关领域开展验证，初步具备开展全面推广应用的技术、装备和产业化条件；2014 年 7 月发布的《2014 年度国家社会科学基金重大项目（第二批）招标公告》的选题研究方向中，提出了“3D 打印产业发展与知识产权制度变革研究”的课题；2014 年 9 月 11 日，北京市科委向社会公开征集“北京增材制造（3D 打印）科技创新与产业培育”2015 年科技计划储备课题。

除了国家重大专项这样的常规手段，我们还应该考虑新设立或运用已有的国家级科学奖励，用于表彰和奖励在我国 3D 打印技术和产业发展中有突出贡献的个人与企业，以推动我国科研人员参与 3D 打印技术研发的热情。

为了保持我国 3D 打印技术水平与世界同步，基于我国的市场需求，加强国际合作，与德国、英国、美国等欧美发达国家相关科研院所、企业和高校的国际合作必不可少。国家应积极探索对外合作新模式，鼓励国外 3D 打印企业在我国设立研发机构，与国内企业联合开展 3D 打印技术的研发，支持国内企业多层次参与国际合作，融入全球 3D 打印产业链。积极参与国际 3D 打印行业标准制订，使得我国领先领域的国内标准成为国际标准。

建立技术创新体系

3D 打印产业的上游技术和设备方面包括光机电技术、控制技术、材料技术和软件技术，中游支撑是信息技术的数字化平台，下游应用涉及航空航天、汽车摩配、医疗卫生、国防科工、文化创意等行业，其发展将会深刻影响工业设计业、先进制造业、生产性服务业、文化创意业、制造业信息化工程及电子商务业。基于合理的技术政策，引导 3D 打印产业积极健康地顺利发展，建立 3D 打印产业的技术创新体系，具有深远的战略意义。

加强新材料研究

在技术研发方面，相比国外先进水平，我国增材制造装备的部分技术水平不相上下，然而在成形材料、智能化控制、关键器件和应用范围等方面，我国落后于国外。模型制作是我国增材制造技术主要的应用范围，对于高性能终端零部件直接制造，我国还有非常大的提升空间。3D 打印材料品种有限的现状，严重制约了 3D 打印技术的普及与推广应用，这一点在我国表现得尤为明显。国外适用于 3D 打印技术研究的原材料，也受到相当程度的控制，像生产 3D 打印原材料的德国德固赛公司，其 80% 的原材料仅供给签署联合开发协议的合作开发厂商，只有 20% 性能较差的材料公开销售。而在国内，由于研究所需的材料用量很少，研发本身具有不确定性，对于这样的小众需求，国内厂家不愿试制特殊的材料。因此，中国 3D 打印研究很难买到新型且上佳的原材料，3D 打印的创新应用研究非常困难。

针对打印材料研究滞后的现状，应可以考虑设立国家级 3D 打印技术奖励基金，奖励成功研究开发新的 3D 打印材料并实际投入生产使用的企业和个人；也可以考虑对成功研究并实际投入生产使用新的 3D 打印材料的企业和个人，给予优于高新技术企业税收政策的特殊优惠；还可以考虑对这类企业和个人，在建立和扩大 3D 打印材料生产项目时，给予土地购买指标和土地购买价格优惠。要设置 3D 打印科技重大专项，全方位支持 3D 打印全产业链技术创新，持续推动 3D 打印产业发展。

推动技术改进

3D 打印技术的核心工艺过程就是打印材料的层层堆积和造型，这种迥异传统制造方法的工艺方法大大节约了材料，在单件、小批量的复杂及特殊造型产品制造上明显优于传统制造方法，但是其层层堆积的制造方法是无论如何也难以和传统制造方法的便捷、快速和大批量生产的效率相提并论的。在当前的技术条件下，3D 打印技术仅能应用于某些单件小批的特定产品的工业应用与部分创意类桌面应用，很难成为大规模消费商品的主流制造方式。

如何尽快提高 3D 打印的速度与效率，是 3D 打印技术普及应用的关键技术节点。应当可以在考虑当前和近期技术发展可能的前提下，制定

3D 打印设备的效率等级指标，主要针对国产高效高速 3D 打印设备予以采购补贴，对企业和个人采购国产高效高速 3D 打印设备从事 3D 打印业务形成的收入予以税收减免优惠。积极奖励推广提升 3D 打印技术速度与效率的技术创新，对完成创新的企业、研究机构和个人予以表彰和奖励，赋予该类知识产权更高、更严格的产权保护条件，同时允许该类知识产权拥有人在成立相关企业时享受相应的税收优惠。

促进技术精度提高

3D 打印技术的核心工艺过程是材料的分层堆积与造型，目前每层材料的积厚度不够精细，以致 3D 打印产品的精度远远比不上传统制造方法能够实现的精度。对于制造精度的提高，材料堆积层的厚度需要不断降低，使得制造难度提高，大幅度延长制造时间，明显提高了制造成本。同时，材料堆积层之间的结合再紧密，是否能与传统模具浇铸、注射等整体成型工艺的产品性能相提并论，还需要时间和实践的验证。目前，西安交通大学所研制的光固化成型系统及相应成型材料和配套的 3D 打印机喷头，在我国是制造精度比较领先的，其成型精度已经达到 0.05mm。但是，对于现代精密制造动辄丝米级，甚至微米级的性能指标而言，确实是难如人意。无法直接制造高精度零件，势必影响 3D 打印技术的普及与推广应用。

因此，必须考虑设立相应的国家级重点科技攻关项目计划，以项目资金扶持、项目成果奖励、项目研究课题专项技术资助等不同形式，以吸收、鼓励社会各界力量参与研究，争取不断提高国产 3D 打印技术的最终产品精度。

加大创新研发投入

要认识到，虽然我国3D打印技术在主要领域跻身世界先进水平的行列，但是在很多其他领域以及在原材料和核心技术的研发上，我国仍然比较落后。而且，如果不对这些方面加以重视，差距会越来越大。加大对3D打印技术的研发投入，除了直接对研究3D技术的高校、科研机构和企业进行资金支持，还可以通过减税优惠政策来激励企业参与3D打印技术的研发。除了资金的支持，还应该为3D技术的国内和国际交流创造良好的平台，产生高效的交流和学习，实现国内3D打印技术的协调、合作、创新、进步的发展态势。

尽快建立共性技术研发体系。在发达国家比较完善的创新体系中，大学主要进行基础研究，研究所侧重于共性技术研究，企业主要致力于应用性研究和最后的产品化，产研学三方在市场机制下合作互补。但在中国，这三者的关系，却呈现出错位竞争的局面，致使科研与产业严重脱节。一方面，中国的大学越来越热衷于应用研究，甚至自办企业。中国的3D打印产业目前就呈现出浓厚的"高校"的色彩：除清华大学的北京殷华公司外，西安交通大学派生出陕西恒通智能机器有限公司，武汉滨湖机电技术产业有限公司则依托于华中科技大学。另一方面，中国科研院所转制为企业后，绝大多数放弃了长期的共性技术研究，转向能在短期内解决生存问题的应用开发。在这样的格局下，制约着诸多产业升级的共性技术难题，事实上却仍处于无人攻坚的状态。

建议尽快建立共性技术研发体系，具体做法可以借鉴美国的"先进技术计划"（ATP）。该计划是美国政府促进产业共性技术研发的典范。ATP由政府提供引导资金，但承担项目的公司要配套一半以上的研发投入。

政府的资助经费直接拨付到企业，大学和研究院所只能通过与企业联合，参加项目的实施。最终的知识产权为以营利为目的的美国公司所拥有，参与项目的大学、研究院所和政府机构等不享有任何知识产权，但可以分享专利使用费。美国政府为了国家利益有权免费使用 ATP 支持的技术成果。其他企业想使用该项目成果，可通过支付费用获得使用权。

推动产业链中关键性技术研发和突破

加强平台建设，重构国家创新体系，鼓励各类技术研发主体积极参与，推动整个 3D 打印产业链中关键共性技术研发和突破。如前述分析，我国当前的创新体系中产学研关系错位，很难各负其责、有针对性地推动不同层次技术问题的研究，这就要求我们在推动 3D 打印产业关键共性技术研究中，打破旧有体制束缚，重新构架产业技术研发平台，鼓励、吸引各类技术研发主体参与。

2012 年 10 月，中国 3D 打印技术产业联盟正式成立，成为中国 3D 打印产业的首个行业组织，其目标是搭建行业对话平台、建立行业标准，引入风险基金和产业基金。完全可以给其增加一项功能，就是汇集产业技术研发课题，集聚产业技术研发力量，在政府支持下，开展 3D 打印产业关键共性技术研究。

一是可以通过产业联盟内部的讨论、整理与分析，提出亟待开发的关键共性技术研究课题，并由联盟内需求企业针对性提供研发资金，面向全社会寻求技术研发单位。在研究课题经审批认证后，国家根据企业提供的研发资金提供对等的扶持资金。研究形成的技术成果、知识产权归研究单位，政府根据国家利益的需要可以免费使用，提供研发资金的企业不仅可以免费使用，还可以根据其资金提供份额分享专利使用费等知识产权收益。

二是可以实行项目研发奖励制度。根据国家制定与公布的 3D 打印技术重点研究方向，企业或者企业、研发机构联合体，按照自身经营需要提出具体课题，经政府审核批准后，列入奖励项目计划，根据技术先进性和产业贡献度确定奖励等级。项目完成，经成果验收，确认研究结果达到课题要求后，由政府给予直接奖励。

三是可以实行技术研发的政府种子扶持资金制度。对于国家制定与公布的 3D 数字化建模软件供应商、3D 数字化建模服务商以及第三方检测试验平台重点研究方向中某个课题或某个领域有独到技术构想、研发思路的个人或组织（限于 3D 打印产业内的小微企业），可以向政府主管部门提出申请，经答辩验收批准后，发放用于研究技术构想、思路可行性的扶持资金。

四是如果在前几项政策推广中未能涵盖该方向的技术研究，政府还应该拨付专项资金，设立专项奖励，用于鼓励 3D 数字模型以及第三方检测试验平台等方向的共性技术研究。

建立产业支撑体系

3D 打印的健康发展，需要建立 3D 打印产业支撑体系，应把 3D 打印技术用于优化新产品的设计开发，并与传统产业升级和结构调整相结合。为此，需要建立 3D 打印产业战略性资源体系和服务体系。

建设战略性资源体系

在 3D 打印产业中，技术是核心，3D 打印技术本身作为一项高端的技术资源，有极其重要的战略意义，不仅能够显示出我国的科技创新能力和科技实力，促进科技与经济相结合，而且在国际竞争中，还可能具有扼住对方咽喉的能力，提高我国的综合国力，应该被加以重视和保护起来。3D 打印技术与自然资源是双向互动的过程，3D 打印可以选取自然界中各种各样的资源作为原材料，在抽象的尺寸、硬度等数据的"指挥"下，将一件件立体的实物呈现在我们面前；同时，3D 打印又是被寄予着厚望——节约并循环利用有限的自然资源，使我们的生产变得环境友好，使我们的社会向着生态和谐进发。

加大对 3D 打印技术产业化的投入。目前高校、研究机构和企业出现了严重错位，高校和研究机构办起了企业，甚至放弃长期的一些基础和共性技术研究，从事短期内能解决生存问题的应用型研究。纠正这种角色错位刻不容缓，只有依靠国家政策的支持、财政的支撑，3D 打印行业的关键共性技术研发体系才能有效地建立起来，高校负责基础研究，研究机构负责共性技术研究，企业主导应用型研究和商业化推广，使三方在市场机制下合作互补，共同推动 3D 打印产业蓬勃发展。

3D 打印技术的开拓创新，3D 打印产业的蓬勃发展，带来了我们对制造业转型升级、国家经济再上新台阶的美好憧憬，也带来了我们对战略性资源的安全和利用问题的担忧。人们已经习惯了无节制地开发和利用资源，以提高自己的物质生活质量，而科学技术的发展，比如当前 3D 打印技术的发展，更助长了人们欲望的膨胀，这将会造成资源利用、生态平衡、环境质量方面更大的问题。除此之外，从广义的战略性资源来讲，与 3D 打印技术息息相关的人才资源和技术资源也应被充分地考虑，人才资源和技术资源是推动经济进步的两大支柱。技术资源助跑了经济的一次又一次的腾飞。技术资源的挖掘、传播也要靠人才，经济发展对人才的依赖程度越来越高，而重要技术型人才短缺已成为世界各国普遍面临的难题。

形成产业服务体系

加强产业联盟、行业协会建设，推动 3D 打印产业协同发展。积极引导工业设计企业、3D 数字化技术提供商、3D 打印机及材料研发企业和机构、3D 打印服务应用提供商组建产业联盟，利用有关学会、协会的平台加强研讨和交流，共同推动 3D 打印技术研发和行业标准制定。加大宣传力度，凝聚行业力量，反映行业诉求，积极组织行业力量开展产业政策研究和标准制定，筹建产学研用相结合的产需对接平台，打通上下游产业链，推动 3D 打印技术研发和产业化。促进 3D 打印技术发展的市场平台建设，包括 3D 打印电子商务平台、3D 打印数据安全和产权保护机制、3D 打印及周边项目投融资机制等，促进产业可持续发展。2012 年 10 月成立的中国 3D 打印技术产业联盟，就提出了近期的三个工作目标：第一、搭建对话平台，促进 3D 打印技术国际间交流；第二、制定行业标准；第三、引进风险基金、产业基金，营造良好的融资环境。

积极推动行业标准，特别是服务体系相关的行业标准制定。工信部相关司局，应该尽快组织相关科研机构和行业协会起草 3D 打印行业标准，引导行业的产业化、规模化发展。积极出台优惠政策，鼓励不同体制的产业成员积极建设 3D 打印产业的服务体系。建立中国国际新型家庭制造业博览会办展机制，促进 3D 制造业国际化、市场化、专业化发展；建立 3D 制造业通关制度，提高 3D 制造业通关效率，降低物流通关成本；加强品牌建设指导，制定行业规则和标准，充分发挥国家质检机构和重点实验室的辐射支撑作用，提升 3D 制造业质量保证能力和专业化协作配套水平；建立和完善为 3D 制造业服务的公共服务平台，调动和优化配置服务资源，增强服务功能，充分发挥行业协会（商会）桥梁纽带作用，提高行业组织和自律水平；加强协调指导和政策评估，建立和完善 3D 制造业统计调查、监测分析和定期发布制度。

应完善中介机构的功能。一是政府相关部门提供 3D 打印的政策扶持。二是在融资中明确担保机构责任。如果融资企业方出现贷款违约，应界定清晰担保机构承担的金融机构损失比例。同时，担保机构通过知识产权交易市场将 3D 打印知识产权变现或继续向融资企业追偿。而融资企业主或主要企业股东对贷款负无限责任。三是加快企业信用增强机制的建设，为融资企业提供信用鉴定及信用保证，以降低金融机构办理知识产权贷款之风险，藉此提高金融机构对高新技术企业贷款的意愿。

统筹产业规划

基于我国 3D 打印技术的发展水平，立足技术领先战略，积极推动前沿技术课题和尖端应用研究；着眼完整产业链部署，推动共性技术研究；重点运用市场机制，结合国家扶持，推动我国 3D 打印技术和产业，尤其是已居世界前列的领域，快速自主创新和自由演化。围绕这些基本要点，对国家 3D 打印产业进行统筹规划。

培育 3D 打印产业市场。以市场机制和国家扶持相结合，加速推广 3D 打印技术在现实经济活动中的应用，尤其是已有领先优势的应用领域，培育 3D 打印产业市场。工信部在《信息化和工业化深度融合专项行动计划（2013–2018 年）》已经提出"拓宽增材制造技术在工业产品研发设计中的应用范围，推进增材制造在医疗等领域的率先应用。创新政企合作模式，建立先进制造技术研发中心"，需要的就是进一步地落实具体措施。

可以考虑设立《国家 3D 打印技术应用补贴产品名录》，对于使用
3D 打印技术生产产品的消费行为予以补贴，其中，优先考虑航空航天产业、
家电产业、汽车制造产业、能源产业、机械装备产业和生物医疗产业。对
于这些产业内的企业，采购 3D 打印技术生产产品用于终端产品生产的，
可根据其采购产品性质与规模给予直接补贴；用于辅助设计、生产的，可
根据其采购产品金额给予一定比例的税收减免；对于直接消费 3D 打印技
术生产产品的最终消费者，如其消费用于日常生活（非奢侈品或工艺欣赏
用途），直接给予补贴。将 3D 打印技术定位为生产性服务业、工业设计、
先进制造及制造业信息化工程的关键技术，将该产业纳入优先发展产业及
产品目录。

根据航空航天产业、家电产业、汽车制造产业、能源产业、机械装
备产业和生物医疗产业的产业聚集度和地域分布情况，在这些产业有价值
的企业聚集地，成立国家 3D 打印服务中心，提供 3D 打印机租用或者 3D
打印公共平台服务。如果企业自购的 3D 打印设备能够对上述产业的企业
提供相应的服务，达到一定经营规模，经国家认证后，允许其成立面向社
会的公共服务平台，并享受税收减免。对于提供 3D 打印技术辅助服务的
3D 数字化建模软件供应商、3D 数字化建模服务商以及第三方检测试验平
台的，可以根据相关的认定标准，对其 3D 打印相关服务收入予以税收政
策优惠。对于直接从事 3D 打印设备、3D 打印材料制造的企业，可以设立
国家产业奖励基金，根据这些企业在航空航天产业、家电产业、汽车制造
产业、能源产业、机械装备产业和生物医疗产业等重点扶持产业的技术贡
献，予以奖励，也可同时制定相应的税收优惠政策。

加强金融财税支持

金融是现代经济核心，产业快速发展离不开金融的助力和支持。实践证明，金融创新是产业发展的重要推动力量。通过金融创新，结合产业链延伸拓展，围绕产业结构优化升级需要，积极推动面向产业链整合、运转和延伸的金融创新，充分发挥金融主体对接、供求对接和市场对接的纽带功能。为加快推动中国 3D 打印技术研发和产业化，需要完善 3D 打印产业发展的金融财税政策，分别在金融政策、财政政策和税收政策等三方面推动 3D 打印产业发展。

金融政策

据有关统计数据显示，2012 年，全球 3D 打印产业总产值约为 20 亿美元，其中，中国只有 10 亿元人民币左右的市场，不到全球的 9%，我国 3D 打印装备销售仅占全球 8.7%，3D 打印装备及销售收入约为 5 亿元，占比不到全球的 4%，一半以上 3D 打印设备依赖进口。可以看出，目前我国 3D 打印产业规模化程度低，金融对 3D 打印产业的支持还不足。为了更好地推动 3D 打印产业发展，需要不断完善 3D 打印产业发展的金融政策。

建设四位一体的科技金融支持体系。新兴产业的发展和创新活动已经由过去的一种单一企业化行为，发展成一种政府引导和推动、金融机构扶持的社会化行为。我国 3D 打印产业要转向以知识产权为依托的高附加值经济，必须发挥政府在知识产权系统政策的制定和实施中的主导作用，通过知识产权引导战略实现知识产权秩序中心，构建"企业、政府、金融机构、社会"四位一体的科技金融支持体系。建立支持 3D 打印发展的多渠道、多元化投融资机制，引导创业投资和股权投资向 3D 打印领域倾斜，鼓励民营资本进入 3D 打印领域等。建立与 3D 打印产业发展主体相匹配的多层次金融机构体系。在政府资金的带动下，引导社会资本，推动 3D 打印产业发展。引导地方、创业投资机构及其他社会资金支持 3D 打印产业发展。加快推进 3D 打印产业服务体系和信用体系建设，支持 3D 打印产业企业采用知识产权质押、仓单质押、商铺经营权质押、商业信用保险单质押等多种方式融资。政府面向 3D 打印产业专门安排一定比例年度采购份额。

起草支持 3D 打印产业发展引导基金方案，为政府决策提供参考，建立支持 3D 打印产业系统性融资体系和配套投入机制，带来创新融资模式，开发金融产品，融资支持 3D 打印产业发展。设立 3D 打印产业基金，基金的任务是重点进行产业整合及培育，着重布局快速设备研发及生产、快速制造耗材研发及生产、快速制造软件系统和控制系统的研发、快速制造服务体系四大板块。整体来说，3D 打印产业基金的主投领域为：设备、软件（数据交换、操作控制软件、支持类软件）；耗材（光固化树脂、低熔点金属粒、陶瓷粉等）；服务（培训服务、应用支持、工艺设计支持、综合服务方案）。

完善银行金融政策对 3D 打印产业的推动。要完善商业银行金融服务体系，建立合理的项目评级授信体系。在设计内部评级和授信体系时，商业银行应充分考虑项目的具体特点，引入企业历史经营数据模型，充分认识企业和项目的成长性。还款有保障的融资项目是信贷融资工具的重点应用，主要倾斜于处于产业化后端或产业成熟期的项目以及依靠综合收益还款的项目。为此，首先，推动信贷产品和业务创新。要大力拓展各类权利质押、未来收益权质押、动产抵押和科技专利等创新类或知识产权类质押以及产业链融资等信贷产品和业务的创新。其次，积极探索非信贷产品创新。要稳步发展中小企业集合债和集合票据，使得中小企业通过短期融资券试点继续发展；推广小企业集合债权信托基金，促进固定收益类产品加快创新；确保证券化技术和产品创新稳妥推进，研究适合科技创新型企业发展特点的资产证券化项目和产品；探索适用于早期发展阶段的科技创新型企业的私募债券和高收益债券，如研究推出中小企业私募债。最后，针对 3D 打印产业领域细分行业的特点和差异，研究推出具有行业针对性的金融技术和产品。重点推进专门支持科技创新发展的科技银行或政策性银行以及众多专业化、区域化和特色化的中小型和新型金融机构的创设，形成金融机构间的合理分工和错位竞争。

完善证券金融政策对 3D 打印产业的推动。鼓励 3D 打印装备生产及服务企业与证券金融机构密切合作，支持符合条件的企业在中小板、创业板首次公开发行并上市。积极扶持 3D 打印产业运用知识产权融资；重点推进以"新三板"为基础的场外交易市场的建设，完善创业板和中小板市场，大力发展企业债券市场，完善主板、中小板、创业板和全国场外交易市场的培育；支持符合条件的 3D 打印企业在多层次资本市场上市；推进场外交易市场的建设，加快筹建和完善地方性股权交易市场；探索多元化的战略性新兴产业企业债券，加快债券市场建设，健全债券评级制度；健全不同层次市场之间的升级、转板机制，逐步实现各层次资本市场之间的过渡和衔接，拓宽 3D 打印产业直接融资渠道。支持 3D 打印企业利用资本市场开展兼并重组，加强企业兼并重组中的风险监控，完善对重大企业兼并重组交易的管理。要大力推动天使投资、风险投资等股权投资的发展，构建完整的股权投资链，提高 3D 打印产业股权融资的可能性和有效性，要进一步探索天使投资组织化和联盟化的运行机制，通过健全相关政策和法律法规、构建网络和信息平台、优化区域市场环境等措施鼓励天使投资3D 打印产业。

完善保险金融政策对 3D 打印产业的推动。3D 打印产业的培育、发展是一个长期持续的过程，呈现出规模小、投资大、周期长、风险高的特征。商业保险可以有效发挥其资金流通和风险管理的功能和作用，为 3D 打印产业发展保驾护航。一方面，商业保险可以为 3D 打印产业发展提供风险保障；另一方面，还可以为 3D 打印产业发展提供融资便利。此外，还需完善 3D 打印产业的融资担保体系，鼓励各类担保机构对 3D 打印产业融资提供担保，通过再担保、联合担保以及担保与保险相结合等方式多渠道分散风险。建议由发改委、工信部、国资委、保监会等有关部门建立针对保险资金投资 3D 打印产业的沟通协调机制；由保监会出台相应政策和实施细则，鼓励保险资金以股权投资、债权投资或其他适合方式积极参与和促进 3D 打印新兴产业的发展。根据 2013 年保监会出台的《关于保险业支持经济结构调整和转型升级的指导意见》，加大保险业对 3D 打印产业的保险支持，服务 3D 打印小微企业和科技创新，完善创新保险资金在3D 打印产业方面的运用方式。

财政政策

1. 3D 打印技术的政府采购政策建议

政府采购，是指各级国家机关、事业单位和团体组织，使用财政性资金，采购依法制定的集中采购目录以内的或者采购限额标准以下工程、货物和服务的行为。各级国家机关、事业单位和团体组织，使用财政性资金采购依法制定的集中采购目录以内的或者采购限额标准以下的通过 3D 打印技术打印的货物或者 3D 打印机本身就属于政府采购的范围。建议在

3D 打印技术应用与发展较多的教育、医疗卫生、国防、航空航天等方面，优先采取政府采购的方式予以支持，鼓励其率先发展，为我国在这些领域取得国际优势创造条件。

根据《中央预算单位 2013-2014 年政府集中采购目录及标准》，打印设备属于必须按规定委托集中采购机构代理采购的项目。该《目录及标准》对"打印设备"的界定为"指喷墨打印机、激光打印机、热式打印机、针式打印机。"这些都是传统打印机，无法涵盖 3D 打印机，因此，目前 3D 打印机尚未进入政府采购的范围。财政资金无法通过政府采购的渠道来支持 3D 打印技术的发展。

建议在未来的《中央预算单位 2014-2015 年政府集中采购目录及标准》中将"打印设备"界定为"指喷墨打印机、激光打印机、热式打印机、针式打印机以及 3D 打印机。"明确将 3D 打印机纳入政府采购的范围，这样财政资金就可以通过政府采购的途径来支持 3D 打印技术的发展。

《政府采购法》第 9 条规定："政府采购应当有助于实现国家的经济和社会发展政策目标，包括保护环境，扶持不发达地区和少数民族地区，促进中小企业发展等。"这里明确提出了保护环境、扶持不发达地区和少数民族地区、促进中小企业发展政策目标，但没有明确提出支持高新技术发展的目标。由此导致政府采购很难向包括 3D 打印技术在内的高新技术领域倾斜。建议将《政府采购法》第 9 条修改为："政府采购应当有助于实现国家的经济和社会发展政策目标，包括高新技术发展，保护环境，扶持不发达地区和少数民族地区，促进中小企业发展等。"

2. 3D 打印技术的财政转移支付政策建议

财政转移支付是以各级政府之间所存在的财政能力差异为基础，以实现各地公共服务水平的均等化为主旨，而实行的一种财政资金转移或财政平衡制度。中央可以通过专项转移支付的形式支持地方发展 3D 打印技术。省级政府也可以通过专项转移支付的形式来支持省以下政府和企业发展 3D 打印技术。

目前一般性转移支付，主要是中央对地方的财力补助，不指定用途，地方可自主安排支出，支持包括 3D 打印技术在内的高新技术发展的意图不明显。在《2008 年中央对地方一般性转移支付办法》、《2012 年中央对地方均衡性转移支付办法》等规范性文件中，通过一般性财政转移支付来支持包括 3D 打印技术在内的高新技术发展也没有明确的法律依据。在一般性转移支付中，真正用于支持包括 3D 打印技术在内的高新技术发展的资金并不多。

目前专项转移支付重点用于教育、医疗卫生、社会保障、支农等公共服务领域。虽然专项转移支付可以用于支持包括 3D 打印技术在内的高新技术发展，但这并不是专项转移支付的重点领域，支持的力度也非常有限。

建议在《中央对地方一般性转移支付办法》中，将一般性转移支付的总体目标界定为：缩小地区间财力差距，逐步实现基本公共服务和科技发展水平的均等化，保障国家出台的主体功能区政策顺利实施，加快形成统一规范透明的一般性转移支付制度。在《中央对地方均衡性转移支付办法》中，将均衡性转移支付的总体目标规定为：缩小地区间财力差距，逐步实现基本公共服务和科技发展水平的均等化，推动科学发展，促进社会和谐。这样，中央政府和各级地方政府通过一般性财政转移支付的方式来支持包括 3D 打印技术在内的高新技术发展就有了明确的法律依据。

建议设立专门用于支持包括 3D 打印技术在内的高新技术发展的专项

财政转移支付资金，支持各级政府和企业发展 3D 打印技术。

3. 3D 打印技术的财政科研经费政策建议

我国专门设立了支持自然科学发展的基金。《国家自然科学基金条例》第 2 条规定，国家设立国家自然科学基金，用于资助《中华人民共和国科学技术进步法》规定的基础研究。与 3D 打印技术相关的自然科学研究课题也可以申请国家自然科学基金的支持。

《国家自然科学基金条例》第 2 条规定："国家设立国家自然科学基金，用于资助《中华人民共和国科学技术进步法》规定的基础研究。"《科学技术进步法》第 16 条规定："国家设立自然科学基金，资助基础研究和科学前沿探索，培养科学技术人才。国家设立科技型中小企业创新基金，资助中小企业开展技术创新。国家在必要时可以设立其他基金，资助科学技术进步活动。"3D 打印技术显然应当属于《科学技术进步法》所规定的"科学前沿探索"，但《国家自然科学基金条例》却将其支持对象限定在"基础研究"领域，3D 打印技术是否属于基础研究就存在诸多争论了。因此，国家自然科学基金能否支持 3D 打印技术的研发，法律规定不明确。目前，国家自然科学基金所支持的项目中并没有直接涉及 3D 打印技术的，只有两个涉及喷墨打印中的基础理论的项目（《高分子喷墨打印中的基本物理问题》、《喷墨打印光子晶体胶乳的铺展行为及可控组装研究》）。

建议将《国家自然科学基金条例》第 2 条修改为："国家设立国家自然科学基金，用于资助《中华人民共和国科学技术进步法》规定的基础研究和科学前沿探索。"这样，作为"科学前沿探索"的 3D 打印技术就可以得到国家自然科学基金的支持。政府需加大对 3D 打印产业的财政资金支持、制定政府采购政策、采取政府担保贷款和税收优惠政策等措施，无疑是缓解 3D 打印产业发展过程中资金压力的有效途径。

税收政策

为支持 3D 打印技术的迅猛发展，建议国家出台专门针对 3D 打印技术的税收支持政策。根据我国现行税收政策，具体支持政策可以设计如下：

第一，对从事 3D 打印或者相关技术研发的企业可以申请成为国家重点扶持的高新技术企业，享受 15% 的企业所得税优惠税率。

第二，将 3D 打印技术列入《国家重点支持的高新技术领域》以及《当前优先发展的高技术产业化重点领域指南（2015 年度）》，其研究开发费用可以享受加计扣除的优惠政策。

第三，对投资额达到 1 亿元以上从事 3D 打印技术研发的企业，如果实际经营期在 10 年以上，可以享受一至五年免征企业所得税，六至十年减半征收企业所得税（实际税率为 12.5%）的优惠政策。

第四，销售使用 3D 打印技术生产的货物可以享受增值税即征即退的优惠政策。

第五，转让 3D 打印技术、为使用 3D 打印技术的企业提供技术维护服务可以享受免征营业税的优惠政策，营改增后，上述所得可以免征增值税。

第六，创业投资企业投资于非上市的 3D 打印技术企业 2 年以上的，可以按照其投资额的 70% 在股权持有满 2 年的当年抵扣该创业投资企业的应纳税所得额。

第七，加大财税政策引导力度。充分利用现有政策渠道，使得 3D 打印技术研发和产业化的支持力度得到加大。研究制定支持 3D 打印产业发展的财税支持政策，推动设立 3D 打印产业创新发展专项资金，探索相关税收优惠政策。

第八，结合深化税收体制改革，进一步完善结构性减税政策，建立支持 3D 打印产业发展的税收制度。

建立人才教育培训体系

3D 打印产业涉及领域广泛，需要大量的各类专业人才队伍。人才在 3D 打印产业发展过程中起着推动全局的主导作用，需要人才来科学规划。为此，加强人才引进和培养力度，形成一批 3D 打印自主创新领军人才和团队，建立完善的 3D 打印产业发展的人才教育培训体系至关重要。

政府与行业协会

3D 打印产业的人才教育培训体系建设，需要政府和行业协会层面的支持和推动。为此，建议成立一个国家级的 3D 打印技术管理机构，旨在将 3D 打印技术转变为我国的制造技术的主流，将我国的制造业转变为主导全球经济的力量。初期的主要工作旨在推动 3D 打印技术及相关产业的迅速发展，从而带动人才培养工作的迅速跟进。首要的工作是该机构以各种方式对 3D 打印技术做"路演"，全方位地刺激大众对 3D 打印技术的期望。负责组织相关行业的专家和研究人员，根据不同的应用研究领域，有针对性地深入到各个行业和各个地区，初期是针对基层大众和小型企业展开类似于招股过程的"路演"，宣传和推广这项技术，以让更多的大众直观感受到 3D 打印的魅力和与自身生活的密切相关性。如可以通过论坛、博览会等形式进行 3D 打印技术和周边应用的培训；在青少年活动中心、文化艺术中心、科技馆等公共机构进行 3D 打印技术的展示、宣传以及推广；发展 3D 打印服务中心，推广 3D 打印技术应用，比如展示如何打印个性礼品与饰物，如何将照片变为 3D 工艺品和 3D 打印的立体头像，如何打印玩具、手机外壳、生活工具、教学用具，甚至是食品等等。同时也应当组织力量向其他的行业领域进行更专业的推广，如精致设计领域、生物医学领域、建筑与城市规划领域、机器人与电子制作领域、考古与科研领域、航空航天技术领域、软件创新领域以及军事创新等领域。

在此基础上，引导相关企业的研发和投资需求。由于 3D 打印技术内在创新基因与消费者个性化消费的内在契合性，在理性的市场中，市场的启动是一个企业与消费者相互交换信息的过程，也必然伴随着一个较长的试探期和适应期。所以这个市场一旦起动之后，必然会对 3D 打印专业人才的需求产生巨大的推动作用。这种需求越是迫切，就越是能够产生吸纳和培养人才的向心力。

美国政府在推广 3D 打印方面的努力非常有借鉴价值。在 2012 年 10 月美国在俄亥俄州扬斯顿成立了世界首个国家增材制造创新研究院（NAMII），该所是由行业、学术界、政府和劳动力发展资源领域的成员组成，是奥巴马政府提议在全国建立的 15 个制造业创新学院的一个。目前该研究所至少拥有 85 家公司，主要包括全球知名的特种金属生产商阿勒格尼技术公司、马丁航空公司，以及 ExOne 公司、波音公司、通用动力、通用电气、IBM 等企业。此外，还包括至少 13 所研究型大学，主要有卡内基－梅隆大学、凯斯西储大学、肯特州立大学、宾夕法尼亚州立大学、罗伯特莫里斯大学、美国里海大学、阿克伦大学，匹兹堡大学、扬斯顿州立大学以及 9 个社区学院和 18 个非营利机构。

资金的支持来源。由于 3D 打印行业发展初期，资金瓶颈必然存在，各级政府需要通过加大对 3D 打印技术的研发投入，探索相关税收优惠政策，加强应用示范和产业化，重点支持 3D 打印领域的关键共性技术研发和第三方检测试验平台建设。

地方政府在这方面也可以大有作为，如 2013 年 3 月 24 日，中国首个 3D 打印技术产业创新中心正式落户南京栖霞区，武汉成立了"中国首个 3D 打印工业园"。在"世界工厂"东莞，3D 打印作为战略性新兴产业写入了 2013 年的《政府工作报告》，这对专业人才和行业的发展无疑会起到推动的引擎作用。

充分发挥中国工程机械工业协会、北京数字化制造产业技术创新联盟等社会组织的作用，为 3D 打印科技创新与产业培育提供沟通联络、咨询评价、组织实施等方面的服务，推动 3D 打印全产业链协同创新、科学发展。

高等院校与科研院所

就专业人才的培养主体而言，包括高等院校、职业学校、行业协会以及相关的企业；从从业人员的结构层次上来看，包括初级工作人员，以及中高级专业人才，形成的是一种金字塔形的结构；从培养时间来看，有短期培训和长期培训，以及终身教育体系的构建。其中，高校在人才培养的过程中肩负着重要的作用，需要做全面长期的设计和规划，如专业设置和调整，师资力量的建设，专业基础和专业课程的建设，实习基地的建设等。

关于 3D 打印专业的教学目标、课程设置、教学环境、招生条件、实验环境与实习基地，宜由政府、行业协会、企业、科研机构和教育机构的专家共同来参与研讨。由于目前在本科教育阶段，我们还没有经验，国外也没有成熟的经验，也属于新生事物，所以，可以先在一些综合性大学的研究生院先行探讨教学的模式，经过一段时间的摸索，研究与建设本科阶段的教育模式。

比较可行的做法是先在条件相对成熟的院校，或者若干个学校的基础上，由教育机构、行业协会以及教育机构尝试联合培养 3D 打印的专业人才的本科教学模式。教学方式可以灵活多样，关键是让学生、教师有充分的接触实践的机会，加强不同的专业人员之间的横向联系与沟通，同时也利用这些综合性大学专业设置丰富的有利条件，充实专业的队伍和人才结构。教师的结构也宜多样化和专业化，不仅局限于高校内部的从事理论研究的学者，还应包括从事前沿技术研究的专业人才，同时也包括实践领域的市场开拓人才，以及行业协会的管理和技术人才。这应是一个开放式的教学系统，教学方式和师资都应开放，不定期地组织行业专家进行专题讨论会，让学生和相关研究人员及时地接触到行业发展的最新成果，拓展学生的知识面和想象力。从企业的层面，鼓励学生和从业人员充分发挥自己的想象力和创新潜力，推动 3D 打印行业的应用，不断拓宽该项技术的社会需求和影响力，并同时进一步推动 3D 打印行业在理论方面的深入研究。

为了更有针对性地培养 3D 打印的专业人才，我们可以初步在上述开设 3D 打印研究方向的高校或者研究机构，逐步将此专业独立出来。

从学生的角度来讲，可以不受专业的限制，广泛吸引对此项技术充满兴趣的青年学子，对于这些学生，教育机构可以规定，凡是可以能够达到专业课程和相关基础课程的基本要求，都可以获得 3D 打印专业的毕业证书和从业资格。我们还可以建立起学术水平相当的高校之间对于学生的学分有相互认可的机制。同时，对于本专业的毕业生一定要在产品设计与专业水平应用的方面提出更高的要求。

在专业建设进一步成熟的基础上，可以在一些高校设立单独的院系。

甚至在条件更加成熟的基础上，政府和教育部门牵头，建设一所全国性的行业类高校。

在此过程中，政府可以加大 3D 打印专业建设方面的投入，更要鼓励企业在专业教育方面的投入以及在就业方面的资金支持，包括奖学金、出国交换生、就业机会等方面，以进一步吸纳更多的青年才俊加入到 3D 打印行业。

在高端研究和人才培养方面，我国亟需借鉴美国的经验，加大投入力度，同时也鼓励企业的投资，尤其是对实验室的投资力度。基础研究工作应列为主要的工作方向。美国的国家研究室建设非常值得我国效仿，该国除有橡树岭国家实验室、劳伦斯伯克利国家实验室、阿贡国家实验室、埃姆斯国家实验室、国家航空航天局（NASA）等享誉全球的国家实验室外，还有美国金属加工技术国家中心等专门从事金属材料的研究室以及新近成立的国家增材制造创新研究院。美国一些大学的研究室就主要是以基础研究为主。这些高校研究的资金主要来自 NASA、能源部等大财主。一些院校的相关研究已经非常先进，如麻省理工学院、西北大学、加州大学圣芭芭拉分校、伊利诺伊大学香槟分校、斯坦福大学、康奈尔大学、哈佛大学、宾夕法尼亚大学等都是传统的材料科学工程研究顶尖院校，这些大学在细分的金属材料方面也有着较深的研究底蕴。在全美高校之中，麻省理工学院材料工程专业全美排名第一。材料的研究将是决定 3D 打印技术应用发展的重要领域。

实际上，从现在全国各主要省份的综合性大学教育水平来看，尤其是对工科教育水平而言，许多院校已经基本上具备了相关专业基础课程的条件，下一步就是如何围绕 3D 打印的概念和社会需求，来形成新的研究方向甚至是专业建设方向。而一个具有示范性的大学，将具有很强的辐射能力。因此，政府如能充分利用自身较强的教育和社会资源的动员能力，在行业协会和企业，以及大众的共同努力下，就能成功建设全国性的行业院校以及配套的职业教育机构，进而在 3D 打印技术的教育方面，构建起具有我国特色的基础，从而抓住新一次的制造业革命的良机。

要发展好 3D 打印产业，就必须将 3D 打印技术纳入相关学科建设体系，建立多层次的 3D 打印教育体系、职业教育体系。以 3D 打印应用技术培训为主，在重点大学重点学科中，分别开设针对软件、硬件、材料的学科，并引导研究生、博士生积极研究相应方向，培养适合不同层次需要的 3D 打印技术人才。依靠行业协会、博览会、论坛等组织形式进行技术和应用的培训。在中小学及科技馆、文化艺术中心、青少年活动中心等公共机构进行 3D 打印技术的展示、宣传和推广。还可以通过设置国家级、省级的 3D 打印设计大赛、研发大赛，来鼓励促进 3D 打印这项技术在教育领域的快速普及推广和应用。最后，还应积极加强 3D 打印高端人才的引进，吸引海外留学人员回国创新创业。

企业的人才培养

对于材料为王的 3D 打印产业来说，中国抢占该领域的经济科技最高点首选就是要从打印材料实现突破，而国家支持部分 3D 打印研发机构和重点企业全球招聘材料科学领域领军人才和团队是关键所在。因为他们最了解当地的主要产业或者优先发展的产业需要哪些 3D 打印技术。另外可开设类似 3D 打印照相馆式的工作站，开展 3D 打印的应用推广和普及。因此，对于 3D 打印技术，各级地方政府应针对当地产业实际需要的技术，进行大力、持续性的扶持。

由于 3D 打印技术专业的特殊性质，目前，真正可以发挥人才培养作用的是众多从事 3D 打印技术的具备创新潜力的中小企业。他们通过作为国外 3D 打印设备的代理商，经销全套打印设备、成型软件和特种材料，以及通过购买国内外各类 3D 打印设备，为行业的人才库不断增加砝码。如广东省工业设计中心、杭州先临快速成型技术有限公司、无锡易维模型设计有限公司等企业，设立了 3D 打印服务中心，培养了大批的人才，为进一步向国际市场开拓奠定了较好的基础。

实际上，通过企业来从内部培养和开发人才，在短期内是一个非常有效的措施。这对于企业的长期发展，也具有决定性意义。如美国一些大型公司所设立的研究室，使学术、研究和商业形成一体，其中波音公司和通用电气公司最为成功。

所以，3D 打印专业人才的培养，首先要微观企业的参与，将理论的准备与市场的现实需求紧密结合，保证我们的专业人才培养工作伊始就建立在扎实的现实需求基础之上，而企业是实现从理论到市场的关键和重要一环。

在此基础上，可以以点带面，以北京、上海、天津、西安以及南方的广州、深圳、杭州、南京等最具创新力的城市为点，来逐步带动各地区开展 3D 打印专业人才的培养。

行业的人才培养

能够有效打通教学科研单位和企业的联通渠道的是行业协会。行业协会可以充分利用自身的优势，加强人才培养机构和企业之间的联系，研究建立以现有的研究机构和主要企业为主体的产业创新联盟，通过强化产学研的沟通与交流，来培养更多的专业人才，尤其是在行业市场尚未成熟的初期。行业协会的纽带作用应体现在构建共性技术研发体系以促进技术创新的层面。如在一些发达国家的创新体系中，大学承担的主要角色是基础研究，研究机构侧重于共性技术研究，企业承担的主要角色是应用性研究和最后的产品化，产研学三方在市场机制下合作互补。

其他教育与培训机构

任何一个行业的发展，需要的是大量的不同层次的专业从业人员。因此，国家在投资建设 3D 打印研究生和本科生教育的同时，必须配套设立职业教育学院，或者通过设立职业资格考试，培养大批的不同层次的从业人员队伍。在这个新兴行业的教育人才培养模式，我们可以参考印度在软件人才培养方面的经验。印度软件业的巨大发展，除了高端专业人才之外，更多不同层次的庞大的从业人员的支持是不可忽视的力量。因此，我们需要的是一个金字塔分布的从业人员结构。

只有 3D 打印行业人才教育体系的成功运作，才能保证我国 3D 打印技术行业在全球范围内占据优势地位，并获得丰厚的行业利润，同时更为社会大众提供极具个性化的产品和服务，有效提升我国的内需水平和整体的社会福利水平。

完善法律法规体系

为了更好地推动 3D 打印产业的健康发展，我们还需完善 3D 打印产业相关的法律政策，主要包括 3D 打印技术涉及的专利法、商标法、著作权、质量及伦理等方面。

专利法

3D 打印产业能否健康持续发展，取决于 3D 打印技术的知识产权保护工作是否做得好。在 3D 打印产业还没如火如荼地发展起来之前，考虑

3D 打印产权的特征，根据 3D 打印产权保护的机制，制定 3D 打印产权保护法是十分重要的。3D 打印产权保护机制可以规范 3D 打印产业内的个人和企业行为，避免 3D 打印产业陷入低水平的复制抄袭的漩涡，保护产权拥有者的合法权益，鼓励和支持产权拥有者的创新积极性，使 3D 打印产业向着良性竞争和循环的方向发展。

我国《专利法》保护的发明创造包括外观设计、实用新型和发明三种。外观设计，是指对产品的图案、形状或者其结合以及色彩与形状、图案的结合所作出的富有美感并适于工业应用的新设计。实用新型，是指对产品的形状、构造或者其结合所提出的适于实用的新的技术方案。

使用 3D 打印技术打印他人享有专利权的产品是否属于侵权呢？《专利法》第 11 条规定："发明和实用新型专利权被授予后，除本法另有规定的以外，任何单位或者个人未经专利权人许可，都不得实施其专利，即不得为生产经营目的制造、使用、许诺销售、销售、进口其专利产品，或者使用其专利方法以及使用、许诺销售、销售、进口依照该专利方法直接获得的产品。外观设计专利权被授予后，任何单位或者个人未经专利权人许可，都不得实施其专利，即不得为生产经营目的制造、许诺销售、销售、进口其外观设计专利产品。"根据上述规定，使用 3D 打印技术打印他人享有专利权的产品是否属于侵权关键看其目的，即如果是"为生产经营目的"而使用就属于侵权行为，如果不是"为生产经营目的"而使用就不属于侵权行为。例如，某企业使用 3D 打印技术打印某种特定类型的球鞋并对外销售，该球鞋已经被申请外观设计专利，该企业的行为就是侵犯他人专利权的行为。但如果消费者个人购买了一台 3D 打印机并按照某种特定类型球鞋的式样打印了一双球鞋自己穿，则不构成侵犯专利权的行为。

　　如果每个消费者都可以低成本打印某种品牌的球鞋，则该种品牌的球鞋也就销售不出去了，生产该品牌球鞋的企业以及拥有该外观设计专利权的人都无法获取相应的利润，未来也就不会有人再设计新的球鞋外观设计了。因此，传统的《专利法》只禁止生产使用而不禁止消费使用的规则有可能改变。未来的专利保护将会从 3D 打印机内置的程序入手，凡是使用 3D 打印机打印物品的行为都要经过该程序的检测，如果该物品上涉及专利，则在打印该物品之前必须缴纳一笔专利使用费，类似于在打电话的同时会被扣除电话费一样。

　　未来的专利保护将主要着眼于通过 3D 打印技术使用他人专利的保护问题，这种专利使用由于涉及到普通民众，应当采取自动授权的方式，即获得法律保护的专利权人无权禁止他人通过 3D 打印技术付费使用其专利，当然，该专利权的使用费也应当由法律规定一个确定的方法或者程序，一方面保护专利权人的利益，另一方面也保护普通消费者获得公平交易价格的权利。

　　像过去数十年间对音乐、电影和电视产业中知识产权的关注一样，3D 打印技术必然会涉及到这一问题，显然如果 3D 打印技术的发展超出了预期，迅速传播开来且没有得到法律方面的保护，那么人们可以随意复制任何东西，并且数量不限的话，就会引发出知识产权的诸多复杂问题。

　　从世界范围内看，截至 2013 年 1 月 24 日，全球增材制造相关专利数量达到 2444 个专利族（每个专利族包括同一基础专利在不同国家申请的所有专利）。经从技术层面、区域格局、竞争机构等角度分析判断出三种趋势，首先是技术发展态势短期回稳，2004 年之后呈现出专利量基本稳定甚至略为减少的态势，相关专利的申请量和公开量分别在 2007 年（251

个专利族）和 2008 年（219 个专利族）达到波峰。第二是美国的区域优势显现。美国的专利申请量是日、德、中、韩四国家的九倍，并以近半的份额在增材制造技术专利上具有绝对优势。第三是企业成为创新主体，全球增材制造专利申请最多的前 10 家机构均为高科技研发与制造型企业。

无疑，我国也将在 3D 打印技术的发展层面逐渐会跟上世界的步伐。然而，如同其他发达国家一样，我们也必须面对相应出现的知识产权方面的挑战。

对制造商和权利人来说，人们方便、快速、以低廉成本制造任何物体的相同复制品的能力会对物品所有人，尤其是知识产权所有者带来重大影响。对那些制造、分销或销售活动部件很少的物品或设计或操作简单的物品（如备用配件、珠宝、运动商品或玩具）的人而言更是如此。

对于版权，法律只有在有限情况下有帮助，特别是物品本身被扫描和复制的情况。如果产品是艺术工艺作品，如装饰性铁门，版权将适用。但是，很多可能被复制的作品将不满足这个条件，还有些问题是物品或物品部件本质上是功能性或实用性的。产品的设计图或许也是版权作品，数字蓝图的创作或许会侵犯版权。但例如在英国，根据设计图制造物品或复制根据设计图制造的物品是不侵犯任何设计文档（除艺术作品以外的任何作品）的版权的。一般而言，除非注册了设计图（或者是艺术工艺作品），否则你将不能阻止任何人复制、使用或销售 3D 打印数字蓝图。也不能阻止任何人对公众提供产品的数字蓝图，除非蓝图本身就是数字蓝图的复印本或者是由某项计划发展而来的。创造和销售由扫描产品而产生的数字蓝图不侵犯产品（或计划）的版权。

对于工业品外观设计，销售现有物品的 3D 打印复印品或许会侵犯外观设计权，但只有为了商业目的复制受保护的物品才是一种侵权。为了个人使用目的复制产品的家庭用户将不会侵犯外观设计权。甚至当复制活动是商业性的，也有允许合法生产和销售备用和替换配件的例外规定。

如果对于将已注册商标未经商标所有者许可而使用到商品上面，该商品就是假冒，商标也将被侵犯。3D打印面临的难题是，尽管数字蓝图复制了产品上的商标，但如果消费者打印产品进行个人使用而不进行销售，这就不是商标使用。如果复制商品不展现或不使用原始制造商的商标，那么这种复制很可能就不是假冒。

如果机器用于制造复制品，因为法律责任要求直接侵权行为，尽管能发现直接侵权行为，但只要打印机器使用合法打印机，制造商就不可能对个人用户的复制行为负责。

如何应对这些新出现的法律问题，无论国外还是国内，都对目前的法律规则提出了新的挑战。

商标法

我国《商标法》保护的商标是注册商标，即经商标局核准注册的商标，包括商品商标、集体商标和服务商标、证明商标。商标注册人享有商标专用权，受法律保护。集体商标，是指以协会、团体或者其他组织名义注册，供该组织成员在商事活动中使用，以表明使用者在该组织中的成员资格的标志。证明商标，是指由对某种商品或者服务具有监督能力的组织所控制，而由该组织以外的单位或者个人使用于其商品或者服务，用以证明该商品或者服务的原产地、原料、制造方法、质量或者其他特定品质的标志。

使用3D打印机打印一只耐克球鞋是否侵犯了耐克商标持有人的权利呢？《商标法》第57条规定，有下列行为之一的，均属侵犯注册商标专用权：

（1）未经商标注册人的许可，在同一种商品上使用与其注册商标相同的商标的；（2）未经商标注册人的许可，在同一种商品上使用与其注册商标近似的商标，或者在类似商品上使用与其注册商标相同或者近似的商标，容易导致混淆的；（3）销售侵犯注册商标专用权的商品的；（4）伪造、擅自制造他人注册商标标识或者销售伪造、擅自制造的注册商标标识的；（5）未经商标注册人同意，更换其注册商标并将该更换商标的商品又投入市场的；（6）故意为侵犯他人商标专用权行为提供便利条件，帮助他人实施侵犯商标专用权行为的；（7）给他人的注册商标专用权造成其他损害的。根据上述规定，如果使用 3D 打印机打印他人商标就属于侵犯注册商标专用权的行为，如果不打印他人商标，仅打印其产品本身并不涉及侵犯注册商标专用权的问题。

人们之所以购买某种品牌的产品是因为其质量有保证，如果使用 3D 打印机可以低成本打印与名牌产品质量一样的产品，谁还会去买名牌产品呢？消费者只需要购买一台 3D 打印机就可以在家里穿上与各种名牌同样质量的服装鞋帽，就可以用上与名牌产品同样质量的物品，品牌和商标也就不再有价值了。未来的商标可能就只能用于 3D 打印机本身了，只要购买了名牌 3D 打印机，其打印出来的一切物品就都有了质量保证。因此，可以预见，3D 打印技术将对商标制度带来颠覆性的变革。

著作权

我国《著作权法》保护的作品，包括以下列形式创作的文学、艺术和自然科学、社会科学、工程技术等作品：（1）美术、建筑作品；（2）音乐、戏剧、曲艺、舞蹈、杂技艺术作品；（3）口述作品；（4）摄影作品；（5）计算机软件；（6）文字作品；（7）电影作品和以类似摄制电影的方法创作的作品；（8）法律、行政法规规定的其他作品；（9）工程设计图、产品设计图、地图、示意图等图形作品和模型作品。

使用3D打印机打印他人的作品是否侵权呢？《著作权法》第48条规定，有下列侵权行为的，应当根据情况，承担停止侵害、消除影响、赔礼道歉、赔偿损失等民事责任；同时损害公共利益的，可以由著作权行政管理部门责令停止侵权行为，没收违法所得，没收、销毁侵权复制品，并可处以罚款；情节严重的，著作权行政管理部门还可以没收主要用于制作侵权复制品的材料、工具、设备等；构成犯罪的，依法追究刑事责任：（1）未经著作权人许可，复制、发行、表演、放映、广播、汇编、通过信息网络向公众传播其作品的，本法另有规定的除外；（2）出版他人享有专有出版权的图书的；（3）未经表演者许可，复制、发行录有其表演的录音录像制品，或者通过信息网络向公众传播其表演的，本法另有规定的除外；（4）未经录音录像制作者许可，复制、发行、通过信息网络向公众传播其制作的录音录像制品的，本法另有规定的除外；（5）未经许可，播放或者复制广播、电视的，本法另有规定的除外；（6）未经著作权人或者与著作权有关的权利人许可，故意避开或者破坏权利人为其作品、录音录像制品等采取的保护著作权或者与著作权有关的权利的技术措施的，法律、行政法规另有规定的除外；（7）未经著作权人或者与著作权有关的权利人许可，故意删除或者改变作品、录音录像制品等的权利管理电子信息的，法律、行政法规另有规定的除外；（8）制作、出售假冒他人署名的作品的。《著作权法》第22条规定，为个人学习、研究或者欣赏，使用他人已经发表的作品，可以不经著作权人许可，不向其支付报酬，但应当指明作者姓名、作品名称，并且不得侵犯著作权人依法享有的其他权利。

根据上述规定，使用 3D 打印机打印他人的作品出售或者用于其它经营行为，属于侵犯著作权的行为，为个人学习、研究或者欣赏使用 3D 打印机打印他人的作品不属于侵权行为。由于传统的打印机和复印机也可以复制他人的作品，因此，3D 打印技术对《著作权法》的挑战比较小。

应当提升我国 3D 打印知识产权开发、运用和保护综合能力的建设。目前，我国知识产权相关体制尚不完善，科技创新对 GDP 的贡献率只有 45%，与德国、美国等创新型国家 70% 的比例差距较大。提升 3D 打印知识产权能力建设，首先要提高研发投入比例，为 3D 打印知识产权运用提供物质保障；其次要及时申请专利，避免由于缺乏 3D 打印知识产权保护意识和有效措施，而使 3D 打印知识产权被模仿、盗用；最后应在企业财务报告中增加 3D 打印知识产权融资信息的披露。

质量

使用 3D 打印机打印的产品一旦出现质量问题，如何追究责任就是一个比较现实的法律问题。我国《产品质量法》第 26 条规定："生产者应当对其生产的产品质量负责。"该条同时规定，产品质量应当符合下列要求：（1）不存在危及人身、财产安全的不合理的危险，有保障人体健康和人身、财产安全的国家标准、行业标准的，应当符合该标准；（2）具备产品应当具备的使用性能，但是，对产品存在使用性能的瑕疵作出说明的除外；（3）符合在产品或者其包装上注明采用的产品标准，符合以产品说明、实物样品等方式表明的质量状况。对使用 3D 打印机打印的产品而言，其生产者有多个主体，最直接的生产者是实际操作 3D 打印机的主体，直接生产者应当对产品质量负责。3D 打印机打印产品的质量在很大程度上取决于 3D 打印机的质量，因此，生产 3D 打印机的主体实际上是产品的间接生产者。

3D 打印机打印产品的质量还取决于打印机使用的原材料，因此，原材料的供应者也是产品的间接生产者。当 3D 打印机打印出的产品出现质量问题时，应当首先追究直接生产者的责任；如果问题的根源出在 3D 打印机本身，则应当由直接生产者向生产 3D 打印机的主体追偿；如果问题的根源出在材料上，则应当由直接生产者再向生产材料的主体追偿。

普通消费者购买 3D 打印机后打印物品也会出现质量问题，此时，应当分析导致质量问题的原因。如果是因消费者操作不当导致的，应当由消费者自负。如果是因 3D 打印机存在缺陷导致的，消费者可以要求 3D 打印机的生产者赔偿损失。如果是原料存在缺陷导致的，消费者可以要求材料生产者赔偿损失。

如果再考虑 3D 打印产品的销售者，问题就更复杂了。《产品质量法》第 43 条规定，因产品存在缺陷造成人身、他人财产损害的，受害人可以向产品的生产者要求赔偿，也可以向产品的销售者要求赔偿。属于产品的生产者的责任，产品的销售者赔偿的，产品的销售者有权向产品的生产者追偿。属于产品的销售者的责任，产品的生产者赔偿的，产品的生产者有权向产品的销售者追偿。

《产品质量法》第 41 条还规定了免责事由，生产者能够证明有下列情形之一的，不承担赔偿责任：（1）未将产品投入流通的；（2）产品投入流通时，引起损害的缺陷尚不存在的；（3）将产品投入流通时的科学技术水平尚不能发现缺陷的存在的。根据上述规定，就 3D 打印机的生产者而言，可以举证证明在 3D 打印机出厂时尚不存在缺陷，但后来因为使用者的原因或者因为时间原因导致 3D 打印机出现了缺陷，也可以举证证明在将产品投入流通时的科学技术水平尚不能发现缺陷的存在，在这种情况下，3D打印机的生产者都可以不承担责任。

　　未来的《产品质量法》应当就3D打印技术带来的产品质量问题进行专门规范。特别是明确划分3D打印机生产者、3D打印机原材料供应者以及使用3D打印机生产产品的生产商的产品质量责任，为此需要制定3D打印机的质量标准。

伦理

　　如同任何一项革命性的变革一样，3D打印在创造便利和神奇的同时也冲击着传统的伦理道德。一方面，它可以使制造走入平常百姓家，利用立体打印的模式，只要有一台3D打印机、合格的原材料及完整3D设计图纸，就能制造想要的事物。另一方面，未来3D打印机普及之后，是否会给社会安全带来更多的不安定因素，为一些别有企图的人打开了方便之门，将对3D打印技术推广产生一定消极性影响。警惕不能用本意是改变制造业生产模式的3D打印技术打开"潘多拉魔盒"。比如用3D打印技术制造枪支的问题。事实上，近日在美国已有发烧友利用3D打印技术制造了一把手机，并成功进行了试射。可以推测，其它小型攻击性武器的打印自然也会水到渠成。基于布斯中文网的报道，利用3D打印技术，美激进组织"分布式防御"可以制造可开火并具有杀伤力的枪械。该组织已开始打印枪支部件并进行实弹射击测试。此外，利用这项技术，还可以进行流通硬币的制造等。

　　再比如，在DNA的3D打印方面，因为DNA是最私人的东西，它含有关于你、你的家庭以及你的未来的所有信息，在没有经过你同意的情况下，就能够使用你的DNA创造你的容貌面具，这就让我们不得不考虑隐私和遗传监管的问题。DNA 3D打印是通过提取人类的DNA，并且对特定部分的基因序列进行测序，把收集到的数据随后输入到一个电脑程序中，这样就能够通过 3D 打印机制造出人们真实大小的面部模型。这样的过程对于一些人来说似乎是艺术的先驱，但是对于大多数人来说，是令人反感的东西。在许多方面，DNA 研究都有着积极的一面，但是已经出现了越来越多的伦理问题。无论你觉得这项技术是非常酷还是令人恐惧，这种试验都带来大量令人无法解决的法律和伦理问题。假如个人在公共场所遗留下了 DNA 信息，这并不代表他对自己 DNA 里的私人数据不在乎，而这些数据的使用却未被告知。其实主要的问题不在于越权使用，而是信息被滥用，这可能会对一个人造成巨大的影响。在英国，有法律阻止私人秘密收集生物学样本（毛发、指甲等）进行 DNA 分析，但是将医学和刑事侦查排除在外。

　　3D 打印机什么都能打的原理一定会让很多人用它来打印武器和货币。武器既可以成为保家卫国的工具，也可以成为谋财害命的工具。如果对武器制造不作任何控制，3D 打印机将首先成为黑社会以及邪恶势力的最爱。对于 3D 打印机打印武器的功能必须在研发阶段就予以控制。或者通过设定一定的程序使得 3D 打印武器本身就成为不可能，或者对打印武器的行为进行行政许可，没有许可就打印武器的行为将被追究法律责任。从安全的角度来看，前者更可取，但从技术的角度来看，后者更可取。为此，需要建立 3D 打印的技术备案和终端编码的认定。

　　使用 3D 打印机来打印货币在技术上是完全可以实现的，但货币是一国信用的体现，一旦货币可以随意制造，就相当于每个人都有印钞机，纸币的信用将荡然无存。对于 3D 打印机打印纸币的功能同样必须在研发阶段就予以控制。控制的方法同控制武器打印的方法。

　　未来 3D 打印机还可以打印出人体器官，目前在我国，人体器官的买卖是违法的。我国《人体器官移植条例》第 3 条规定，任何组织或者个人不得以任何形式买卖人体器官，不得从事与买卖人体器官有关的活动。该条例第 2 条界定了人体器官移植，是指摘取人体器官捐献人具有特定功能的心脏、肺脏、肝脏、肾脏或者胰腺等器官的全部或者部分，将其植入接受人身体以代替其病损器官的过程。由于目前人体器官买卖只能通过人体器官移植的方式，但有了 3D 打印机后，人体器官已经可以通过机器制造，此时再禁止人体器官买卖似乎就不合理了。因此，一旦 3D 打印机可以成功打印出可以在医学上使用的人体器官，我国《人体器官移植条例》就需要修改了。

　　我国之所以禁止人体器官买卖而仅允许通过捐赠的形式进行人体器官移植是出于人道方面的考虑，人体器官是人的组成部分，如果允许买卖人体器官，就相当于把人分割开来卖了，人就会变成商品，就会变成金钱的奴隶。一些亡命之徒也会为了出售人体器官而谋财害命，做起人肉包子的买卖。使用 3D 打印机打印人体器官也存在类似的问题，虽然此时的人体器官是用机器制造的，但是制造人体器官的原材料可能还要来自人本身，如果允许买卖 3D 打印的人体器官，势必要允许买卖来自人自身的原材料，如人体组织、人体细胞等，这同样会导致上述伦理问题。

　　未来随着 3D 打印技术的不断进步，似乎打印一个活体的生物也不是不可能的事情，未来人类将可以打印出任何一种动物，甚至人类自身，这不仅会带来巨大的伦理问题，还有可能引起人类自身的毁灭。因此，人类必须对此类 3D 打印技术在源头上进行控制，在没有完善的法律制度的前提下，原则上禁止研发可以打印活体生物的 3D 打印技术。

　　总之，伴随 3D 打印技术的发展和进步，将会产生越来越大的伦理质疑和安全风险，如何保证 3D 打印技术不被犯罪分子和恐怖分子利用来为非作歹，需要在行业正规性与安全性方面进行一定安全管制。另外，在发展 3D 打印技术的同时，要同期制定相应的法律法规，两者同时进行，做到出事之后有法可依。如何建立一套行之有效的监管机制，将对技术的成长极为重要。

精华小结

制度政策的主要功能是激励和约束人，以及决定资源配置状况和分工水平。完善 3D 打印产业政策，对于我国未来占领 3D 打印产业发展的战略至高地，具有重要的意义。为此，需要加强 3D 打印产业的顶层设计与产业统筹规划；要建立 3D 打印产业的技术创新体系，推动 3D 打印新材料的研究与技术改进；要完善 3D 打印产业发展的金融、财政与税收政策；要建立 3D 打印产业发展的教育培训体系，在人才的政策制定和执行过程当中，充分调动政府、教育机构、行业协会、企业及社会成员的沟通努力，有效推动人才的建设工作；要建立 3D 打印产业支撑体系，完善 3D 打印产业战略性资源体系建设和服务体系建设；要完善 3D 打印产业的技术专利、商标、技术质量及伦理等相关法律政策。

参考文献

1. 殷媛媛：《全球 3D 打印技术发展的新趋势》，科技日报，2013 年 6 月 2 日。

2.《我国 3D 打印产业未来发展前景展望》，中国行业研究网，http://www. chinairn.com/news/20130222/160711616.html。

3. 吴玉莹：《3D 打印企业负责技术政府搭台奖励》，南方日报，2013 年 6 月 18 日。

4.《863 计划和工信部力挺：3D 打印现实却很 " 骨感 "》，行业中国，http://z.zhongsou. net/D0215_22/130918_6633171336587415939.html。

5. 齐芳：《3D 打印产业，中国如何发展？》，光明日报，2013 年 3 月 9 日。

6. 袁志彬：《3D 打印的发展趋势和政策建议》，东方早报，2013 年 5 月 21 日。

7. 孙雨、许诺：《3D 打印热预警：资本狂欢或重蹈光伏业覆辙》，北京晨报，2013 年 6 月 3 日。

8. 王宇、贺涛：《3D 打印挑战中国：创新体系与产业链支撑落后》，《财经》杂志，2013 年 1 月 6 日。

9. 李亮：《国内 3D 打印企业需要政府长期稳定的扶持政策》，电气自动化技术网。

10. 赛迪智库报告：《如何推进我国 3 D 打印产业化发展》，中国经济新闻网 – 中国经济时报社，日期：2013 年 10 月 24 日。

11.《政府该如何扶持 3D 打印产业？》，http://news.skycn.com/article/40088.html。

12. 张涛：《中国 3D 打印产业路在何方》，中国商报，2013 年 5 月 16 日。

13. 马军伟：金融支持战略性新兴产业发展的必然性与动力研究，《当代经济管理》2013 年第 1 期。

14. 李毅中：望政府部门将 3D 打印列入战略新兴产业，制定扶持政策，中国
证券报，2013 年 5 月 30 日。

15. 李亮，国内 3D 打印企业需要政府长期稳定的扶持政策，电气自动化技术网，
http://www.dqjsw.com.cn/xinwen/shichangdongtai/122143.html。

16. 郭淑娟，惠宁：发展战略性新兴产业的金融支持，光明日报，2013 年 02 月 15 日。

17. 孙雨，许诺：3D 打印热预警：资本狂欢或重蹈光伏业覆辙，北京晨报，2013 年 6 月 3 日。

18. 张伯旭：产业快速发展离不开金融助力，金融界网站，2011 年 05 月 18 日。

19. 袁志彬：《3D 打印的发展趋势和政策建议》，东方早报，2013 年 5 月 21 日。

20. 黄建，姜山：《3D 打印技术，将掀起"第三次工业革命"？》，《新材料产业》
2013 年第 1 期。

21. 李大光：《3D 打印或带来武器变革》，北京日报，2013 年 5 月 8 日。

22. 《十问 3D 打印：中国与西方最大差距在观念而非技术》，中国航空报，
2013 年 6 月 27 日。

23. 《3D 打印无法替代传统制造方式，成本、材料因素限制市场》，电气自动
化技术网，2013 年 5 月 31 日，http://www.dqjsw.com.cn/xinwen/
shichangdongtai/122569.html

24. 《3D 打印热背后的政策应对：中国怎么办？》，北京晨报，2013 年 6 月 3 日。

25. 王雪莹：《3D 打印技术与产业的发展及前景分析》，《中国高新技术企业》
2012 年第 26 期。

26. 王星，魏政军：《3D 打印热浪下的中国式探索》，电脑报，2013 年 2 月 18 日。

27. 龚炯：《3D 打印的商业化难题》，《经理人》2013 年第 4 期。

28. 何弦：《3D 打印产业前景乐观 资源整合成重中之重》，机电商报，2013
年 6 月 17 日。

29. 《国内 3D 打印企业需要政府长期稳定的扶持政策》，电气自动化技术网，

2013 年 5 月 22 日，http://www.dqjsw.com.cn/xinwen/shichangdongtai/122143.html

30. 刘砚青：《"中国或成为最大的 3D 打印市场"》，《中国经济周刊》2013 年第 22 期。

31.《新加坡政府再投 1500 万美元发展 3D 打印技术》，天工社，2013 年 11 月 22 日，http://maker8.com/article-441-1.html

32. 青木：《3D 打印机在德国很好买 多为本土品牌制造》，环球时报，2013 年 6 月 29 日。

33. 李山：《德国 3D 打印专家：冷静看待 3D 打印热潮》，科技日报，2013 年 3 月 5 日。

34.《科学研究动态监测快报》，中国科学院国家科学图书馆，2012 年 10 月 1 日，第 19 期。

35. 陆铭，陈钊，严冀：《收益递增、发展战略与区域经济的分割》，《经济研究》2004 年第 1 期，第 54-64 页。

36. 刘志彪：《加快 3D 打印等战略性新兴产业》，光明日报，"3D 打印技术被寄予厚望，专家呼吁应避免投资过热"，2013 年 11 月 08 日，http://www.chinanews.com/sh/2013/11-08/5478061.shtml

37. 彼得·马什：《新工业革命》，北京：中信出版社，2013 年。

38. 胡迪·利普森，梅尔芭·库曼：《3D 打印：从想象到现实》，北京：中信出版社，2013 年。

39. 迈克尔·波特：《国家竞争优势》，北京：华夏出版社，2005 年。

40. 吴晓波，齐羽等：《中国先进制造业发展战略研究：创新、追赶与跨越的路径及政策》，北京：机械工业出版社，2013 年。

41. 迈克尔·波特：《竞争战略》，北京：华夏出版社，2000 年译本。

42. 李善同，高传胜：《中国生产者服务业发展与制造业升级》，上海：三联出版社，2008 年。

43. 魏江、周丹：《生产性服务业与制造业融合互动发展—以浙江省为例》，北京：
　　科学出版社，2011 年。

44. 工业与信息化部：中国制造业产值占全球比重 19.8%，来源，www.mitt.gov.
　　cn/ OECD，　Koen de Backer。

45. 伊万斯：《解析 3D 打印机 (3D 打印机的科学与艺术)》，北京：机械工业
　　出版社，2014 年。

46. 吴怀宇：《3D 打印：三维智能数字化创造》，北京：电子工业出版社，2014 年。

47.【英】Christopher Barnatt：《3D 打印：正在到来的工业革命》，北京：人民邮
　　电出版社，2014 年。

48. 王运赣，王宣：《3D 打印技术（修订版）》，武汉：华中科技大学出版社，
　　2014 年。

49. 杨继全：《3D 打印：面向未来的制造技术》，北京：化学工业出版社，2014 年。

后 记

2013年8月3日至23日，笔者随中国青年代表团赴美国参加由中国国际青年交流中心与美国波士顿大学合作开展的"青年领导人公共管理创新建设培训项目"，突出感受到美国创新机制的有效，了解到了诸多新案例、新思维、新方法和新经验。通过参观位于波士顿市郊的全美知名的3D Systems公司，近距离和实地感受了3D打印技术的神奇和迅速发展。参观3D Systems公司，以及与企业管理层、波士顿大学教授的交流，对具体的新智能制造技术，即3D打印技术有了直观认识，这项伟大的富有想象力的技术给了我巨大的冲击。

回国后，我如饥似渴的搜集和学习了国内外的有关资料，对3D打印技术的技术特点、产业现状和国内外发展状况认识逐渐深刻。2013年9月的第5期北京大学光华管理学院博士后"延安之春"论坛，11月的中国地质大学的"星期四论坛"，以及2014年7月的中南财经政法大学北京"中南读书会"，我应邀作了"美国经济社会创新的考察与启示——以波士顿市为例"的主题报告，得到了与会专家学者们的充分肯定。在全过程的互动和交流中，大家给予的"很有启发、大开眼界"的评价，极大地鼓励了我继续深入思考3D打印技术的现状与未来，也给与了我诸多的启发，促成我决心对 3D 打印技术做专题研究，形成专著。

非常感谢我的北京大学光华管理学院博士后导师厉以宁教授与何玉春老师、以及龚六堂老师。在我向老师初次汇报选题和撰写书稿的设想时，厉老师给与了充分的肯定和鼓励，极大地鼓舞和激励了我继续研究的信心。老师渊博的学识、博大的胸怀、经世济民的情怀是我们不畏困难、艰苦研究的巨大指引力量。在将书稿初稿请厉老师斧正的时候，厉老师欣然予以了肯定和指导，老师虚怀若谷地表示，鉴于本书跨越学科较多且以科技实业为主，请相关领域专家作序为好。

感谢济南德佳机器控股有限公司邓小鸥董事长为本书研究和撰写提供的帮助。邓小鸥董事长既参与了撰写，并为调研和会议慷慨解囊，提供专项资金，确保了本书研究的顺利推进。

感谢"青年领导人公共管理创新建设培训项目"的相关领导、各位团友、中美专家，以及北京大学光华管理学院博士后"延安之春"论坛、中国地质大学"星期四论坛"、中南财经政法大学的北京"中南读书会"等各位专家的真知灼见。

感谢在书稿形成初稿后，予以积极肯定，热情撰写序言和推荐语的厉无畏教授、卢秉恒院士、薛群基院士、王元研究员、曹凤岐教授、何盛明教授等各位领导、学者、专家和有识之士。你们的肯定和支持，极大地鼓舞了我们继续深入研究学习，这也是对我们一路艰辛的工作的极大慰藉。

感谢经济科学出版社郭兆旭社长、文远怀老师的远见卓识和专业指导；感谢浙江余姚农村合作银行及其负责人；感谢先锋金融集团钟杰博士、众筹网有关负责人；感谢在众筹网上给予热情支持的各位朋友！如果没有你们的大力支持，本书无法如此顺利地与广大读者见面。

　　感谢各方面对于我和我们研究团队予以关心、支持、指导和帮助的亲朋好友！

　　本书的撰写分工，编著主题策划、大纲、总纂等由李旭鸿、张永升负责，于壮、鄢莉莉、肖珣和张丹负责撰写第一章；张建伦、党睿娜、李欣、刘宏负责撰写第二章；张永升、李晋珩、许骞、张伟负责撰写第三章；李旭鸿、陈衍泰、傅帅雄、张丹、朱旌、刘江涛负责撰写第四章；田惠敏、刘江、邓小鸥、贺锐、翟继光负责撰写第五章。

　　中国正处于经济发展方式转型的关键时期，我们怀着一种责任和激情来完成了这个研究，期待能够为国家的进步、产业的发展发挥作用，期待能够为各界人士提供借鉴和参考。

　　3D 打印技术方兴未艾，我们的研究也属于探索前行。请各位读者予以批评指正。如果您有什么意见和建议，请关注微信公众号"3D打印时代（微信号：Time_3D_Printing）"留言，或发邮件至 DDDSTATE@163.COM。

李旭鸿

2014 年 12 月于北京北太平庄

附录 1：3D 打印技术和应用发展最新案例

1. 人类一小步：3D 打印机走进天空

Elon Musk 不经意间又创造了历史，他执掌的 SpaceX 公司于 2014 年 9 月又成功完成了一次飞船发射，飞船里载着一位特殊的"旅客"——3D 打印机，这是首台进入太空的 3D 打印机，也可以称之为人类历史上，第一台离地空间的制造装置，设计者为 Made In Space 公司。

看到这，你可能会第一时间联想到红色警戒、帝国时代、魔兽争霸，因为在这些游戏里，玩家正是通过建设一栋栋建筑，来完成整个系统的搭建。当然，这台 3D 打印机还远远做不到这些，它只能使用塑料材质。

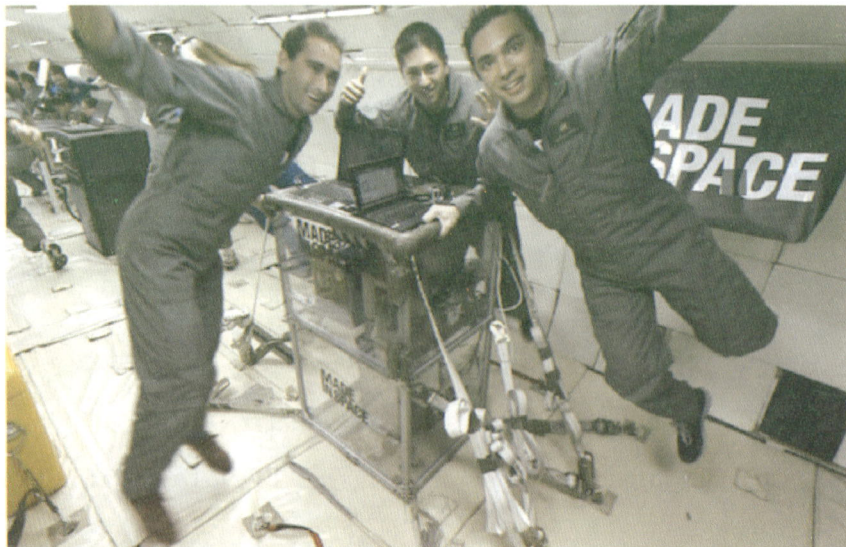

图 1 人类一小步：3D 打印机走进太空

这台 3D 打印机重达 2.5 吨，由 Made In Space 公司设计制造，Made In Space 是一家 2010 年成立的公司，和美国 NASA 合作打造太空 3D 打印机。这台打印机的实用性很高，根据 CTO Jason Dunn 介绍，它可以打印出 NASA 所需 30% 的零件。也就是说，当宇航员需要某个工具的时候，它可以不再依赖地面上运上来的，在本地就可以生产，这确实是太空探索的一大飞跃。

太空中的 3D 打印机和地面上的有很大不同，使用环境和技术原理上都大相径庭。首先，在发射过程中它需要承受数倍重力的高压，进入太空后又进入零重力状态，考验的是机器的稳固性。很多零件他们都重新进行了设计，包括地面使用的皮带、齿轮都进行了更换。另外，安全性是一个问题，3D 打印机在运行过程中会产生"废气"，这些气体在地面上会被净化，而处于封闭的太空站可不行，所以他们设计了环境控制单元，过滤有害气体。技术上，3D 打印的原理在于材料的堆砌，通过极细的液体集结在一起，然后冷却成型，这在地球上是行得通的。但在太空中，这些材料喷出来后不会乖乖的黏在一起，很有可能会四处飞溅，根本做不成一块物品。为保万无一失，发射前 Made In Space 公司总共测试了 3 万个小时，因为发射之后是无法更改的。

Made In Space 的第一台太空 3D 打印机只为 NASA 打造的，等到第二款推出，它将会用做更广泛的商业用途，比如服务于国际空间站。第二台机器会设计的更大，功能更强大。

（资料来源：搜狐数码）

2. 最新 3D 打印教育套件亮相 3D Systems 展位

2014 年国际制造技术展览会在 9 月 8 日 –13 日举行，在展览会上，3D Syestems 公司展示了 MAKE.DIGITAL 平台上的 3D 打印教育套件和课程。

这些教育套件和课程提供了集成工具、软件和课程等各种资源，据了解，3D 打印技术走进我们各行各业，3D 打印技术教育课程开设成为势必，而这些很好的锻炼学生的数字素养以及相关设计能力。

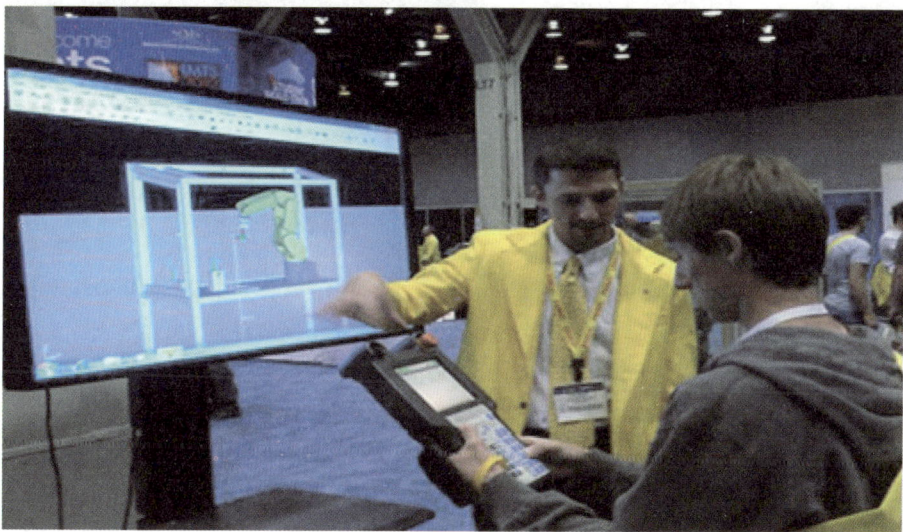

图 2　最新 3D 打印教育套件亮相 3D Systems 展位

也就是主题使然，在展会上，3D Systems 公司提供了让学生参与的互动设计、3D 扫描以及 3D 打印演示。学生还可体验到新推出的 M.Lab21，这是一个用 3D 打印技术和 3D 设计革新高中工艺美术技术教育的 21 世纪制造教育课堂。

这次展会呈现了部分，而很多东西都被放置在 MAKE.DIGITAL 网站上，其上提供了丰富的课程资源。MAKE.DIGITAL 计划推出专门针对初级阶段学生的 3D 打印数字教育课程。

（资料来源：中关村在线）

3. 《星际穿越》伦敦首映 3D 打印巨型星舰吸睛

热映的科幻大片《星际穿越（Interstellar）》以其扣人心弦的故事和华丽的制作成为娱乐新闻的头条。其实，它在影片拍摄和宣传推广中使用的 3D 打印技术同样让人印象深刻。

《星际穿越》是大牌导演克里斯托弗·诺兰执导的一部原创科幻冒险电影，由马修·麦康纳、安妮·海瑟薇、杰西卡·查斯坦及迈克尔·凯恩主演，基于知名理论物理学家基普·索恩的黑洞理论经过合理演化之后，加入人物和相关情节改编而成。主要讲述了一队探险家利用他们针对虫洞的新发现，超越人类对于太空旅行的极限，从而开始在广袤的宇宙中进行星际航行的故事。

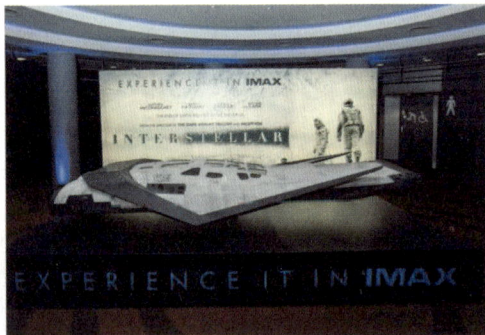

图 3 《星际穿越》剧照　　图 4 《星际穿越》伦敦首映上展示的 3D 打印巨型星舰

就在首映前几天，这部电影已经被铺天盖地的一致好评所淹没。不过这些对本文来说都不是重点。重点是在 10 月 29 日该片伦敦的首映式上，发行方在仪式现场——著名的 BFI IMAX 影院——展示了一艘十二英尺长的 3D 打印 Ranger 飞船模型！其实这也是《星际穿越》拍摄的一个特点：该片并不完全依靠电脑生成特技，而是尽可能地使用现实的道具。显然，这艘 3D 打印的 Ranger 飞船模型也是其中的一个道具。

除了 Ranger，该片中出现的另外两艘太空飞船 Endurance 和 Lander 也是 3D 打印的。这些高度逼真的模型，都是由制作设计师 Nathan Crowley 与特效公司 New Deal Studios 共同完成的。不过这三个巨型模型的具体尺寸和使用的 3D 打印机型号都没有透露，据了解，这三个模型也不完全是使用 3D 打印完成的，其中还使用手工雕刻进行了适当地修饰。

所有这三个模型都是根据故事中飞船的实际尺寸按 1/15 的比例制作的，在电影拍摄中使用的也是它们。12 英尺长的 Ranger 仅仅是三个飞船模型中最小的，另外两个据说尺寸达到 50 至 60 英尺。Ranger 飞船会摆放在 BFI MAX 影院供影迷参观至 11 月 17 日。

（资料来源：天工社）

4. 韩国科学家用石墨烯实现 3D 打印纳米级对象

韩国电工研究所（KERI）的一个团队完全使用石墨烯成功地 3D 打印出了一个纳米结构，这是历史上的第一次，具有划时代的意义，证明了将纯石墨烯材料用于 3D 打印的可能性。

该研究成果发表在 2014 年 11 月出版的《Advanced Materials》上，研究人员使用拉伸的油墨弯液面制作出 3D 结构的还原氧化石墨烯（RGO）纳米线。显然，与大多数使用线材或粉末做材料的 3D 打印方法不同，KERI 的方法更加精细。"这种方法（指拉伸油墨弯液面法）使我们能够实现比喷嘴孔径更精细的打印结构，从而实现纳米结构的制造。"该研究团队负责人 Seung Kwon Seol 教授称。这对于在打印的电子器件中实现 3D 结构是一个很重要的进展，这其中石墨烯将发挥非常重要的作用。

所谓石墨烯，是由单层碳原子形成的特殊材料，它以其独特的性能，如超凡的导电性、柔韧性和透明性，使之成为从电子到能量存储到商业应用的理想材料。然而，科学家们面临的挑战是如何在微米和纳米尺度操纵石墨烯片，这需要非常高的精确度。很多科学家认为，3D 打印工艺可能是解决方案。

在研究团队发表的论文中描述了 Seol 教授的研究小组如何利用弯液面作为一种更新颖的方法来实现纳米级 3D 打印。首先，科学家在室温下使用微量吸管在其前端形成弯液面，随后在上面生长出石墨烯氧化物（GO）线。该导线然后通过热或化学处理（用肼）削减。随着熔剂迅速蒸发，微量吸管拉动石墨烯氧化物（GO）沉积，从而实现 GO 线的生长。

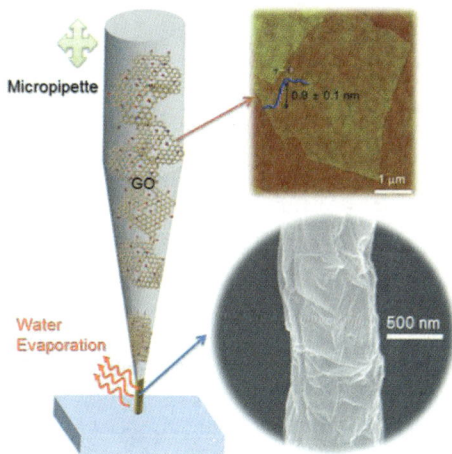

图 5　FE-SEM 图像显示的 rGo 纳米线

GO 纳米线的制造通过拉动一个含有 GO 悬浮浮液的微量吸管（GO 板厚度为 0.9 ± 0.1 纳米），以及在水蒸发过程中拉伸该弯液面来实现。在图 5 圈中：FE-SEM 图像显示出一个生长成的 rGo 纳米线，直径为 400 纳米。通过调整吸移管的拉伸率，研究人员能够准确地控制 rGo 纳米线，并能达到约为 150 纳米的最小值。研究人员指出，他们的做法可有效用于 3D 打印石墨烯纳米结构以及多材料 3D 纳米打印。利用这种技术，它们可以产生各种独立式的 rGO 结构，包括直导线、桥梁、悬浮结和编织结构等。

迄今为止，市场上出现了石墨烯增强型的 3D 打印复合线材，但它其实有一些问题，在复合材料中加入石墨烯确实会提升塑料属性，但是塑料材料同时会恶化石墨的固有性质。此外，传统的 FDM 打印方法根本不可能实现在纳米尺度打印 3D 对象。"据我们所知，之前没有完全用石墨烯做材料 3D 打印纳米结构的报道。"Seol 教授说。"我们确信，这种做法将带来一种 3D 打印电子的新模式。"

显而易见，使用石墨烯材料的 3D 纳米打印技术的出现将为各种理论上存在的"科幻产品"问世打开大门，比如纳米机械、纳米机器人等。

（资料来源：天工社）

5. 3D 打印 + 机器人：GE 下一代工业制造模式渐露端倪

全球制造业巨头 GE 公司 2014 年 11 月在康涅狄格州的 Connecticut 开设了一所新的先进制造实验室（AML）。这所新实验室将装备先进的机器人和自动化制造系统，以生产 Guard Eon 塑壳断路器（MCCB）平台，该产品将于 2015 年发布。该实验室还使用了最先进的 3D 打印机，以帮助该公司的工程师们进行设计和制造。

GE 工业解决方案业务 CEO Bob Gilligan 介绍说："这座新实验室是 GE 向未来的配电业务投资的另一个例子，目的是为了向我们的客户提供更好的服务。半年前，这里只是一些办公室和格子间，而如今，多达 8000 平方英尺的区域供一个高度活力、经验丰富的先进制造工程师团队使用，他们还装备了创新的制造设计和开发工具。

GE 设立该先进制作实验室的目的是为了集中该公司的先进制造工程师和工程设计团队，提升从早期设计到制造生产阶段的生产效率。GE 正在实施其所谓的"快速工作"方法，其中的设计和生产会根据客户反应而进行快速调整。这种方法来自 Plainville 的另一家 GE 实验室——NPI 加速器实验室，AML 将与该实验室携手，共同使用一个加工车间、生产拆卸区域、组装机器人和制作原型的先进 3D 打印机。

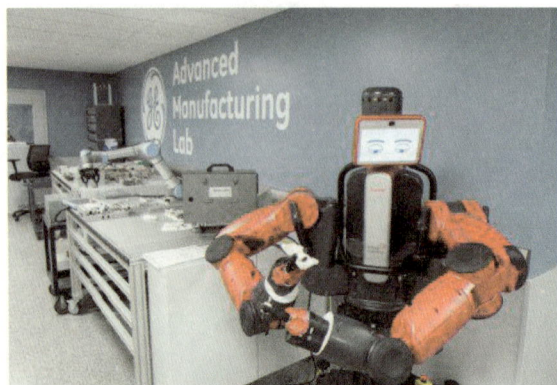

图 6　先进的工业机器人 BAXTER

AML 的第一个产品将是 Guard Eon，GE 称它是最先进的 MCCB，其中一部分将由 BAXTER 负责制造。BAXTER 是一款由美国劳工部职业安全与健康管理局所认可的机器人，它能够透过智能感应移动与人类员工一起工作。这个新实验室还将采用具有可编程式和逻辑控制器的 4×6 英寸"月光"面板，以用于实验性的设计项目。GE 电源组件事业部总经理 Norm Sowards 这样描述这个新实验室："这就像一个工程师的玩具室。我们的员工对于每天与最新的 3D 打印机和我们先进的机器人 BAXTER 一起工作感到非常兴奋。"

在接下来的两年里，该公司计划重振它们的断路器产品组合，并于 2015 年开始生产 GuardEon。为了制造 GuardEon，GE 正开启在波多黎各 Arecibo 的卓越断路器中心（COE），该中心将依赖 AML 为其开发出的制造能力。

机器人加 3D 打印，或许这就是 GE 下一代工业制造的标准模式。

（资料来源：模具联盟网）

6. 3D 打印——明星见面会上最耀眼的新星

说起明星见面会，就会联想到各种明星和狂热的粉丝，见面会上，明星会使出各种招数来宣传新专辑、新影视作品或演唱会等。细数那些频繁出现于明星见面会上的流行元素，时尚而又独特的穿戴一般是最直接的表现。不过最近，却有一股新的流行势力驻入到明星见面会中，那就是明星见面会上的另一个"小明星"——3D 人像。

图 7　金鹰节颁奖晚会上明星获赠的 3D 打印人物

3D 人像，一般是由明星经纪公司或者活动赞助商等作为礼品赠送给见面会的明星。之所以把 3D 人像称作见面会上的"小明星"，其实是因为其形态超级逼真，肉眼看去就像一个缩小版的明星。3D 人像被作为礼物的形式出现在明星见面会上已经不是一次两次了，如今，已经有越来越多的明星与 3D 打印结缘。2014 年与明星合作的 3D 人像非常多，从一开始的华人影帝"廖凡"，到 2014 年金鹰节送给赵宝刚导演的一套 3D 打印人像，再到不久前的亚洲天后"蔡依林"，已经不是第一次为明星3D打印人像了。

3D打印人像为什么备受明星们的青睐，除了在打印精度上的超高水准以外，比起杜莎夫人一比一超大版的蜡像，3D人像更接地气，而且人物还原度不比蜡像差。最重要的是，3D人像方便携带，明星们可以用作私人收藏，独具珍藏寓意。例如，记梦馆为金鹰节颁奖礼上定制的明星3D人像，把赵宝刚导演经典剧集中的人物做了个大集合，当颁奖礼上乔振宇赠予赵导这套主演大集合的3D人像时，不止是赵导感慨万分，也引起了现场观众们的共鸣，一时间所有赵导经典剧集的人物都历历在目。可见3D人像不只是一个3D打印产品，更是一个能表达深刻意义的纪念品。

3D打印作为科技感与时尚感并存的一种新技术，虽然一开始出来时不太接地气，甚至一度被怀疑炒作概念，不过从高不可攀的高科技到成为明星们的新宠，它的定制化、高精度、科技感、时尚感等特点已经逐渐凸显出来。尤其是当下3D打印的产品线越来越丰富，不止可以定制超高真实度的3D人像，还能制作各种3D打印礼品。对于追求个性化时尚收藏品的男女老少们，3D打印是非常不错的选择。用3D打印人像作为留念见证，已经不止是明星的专属。

（资料来源：3D沙虫网）

7. 欧洲航天局展示如何3D打印月球基地

宇航员到底能不能在未来的某一天在月球上3D打印一个基地？为了寻求这个问题的答案，2013年欧洲航天局（ESA）与知名的建筑事务所Foster + Partners合作，开展了一系列研究。最后的研究结论是：利用月球土壤进行3D打印在原则上是可行的。不过，自那时以来，相关的研究工作仍在继续。

Foster + Partners设计了一座可以容纳4个人的月球基地，该基地能够防范陨石、伽玛射线和高温波动。目前构想的建筑方式，是首先构建一个中空的柱状结构，这样的话可以从柱子内部输送材料到顶部。从柱子顶部展开一个可充气的圆形结构作为屋顶，然后以这个圆顶作为建筑支撑，由可移动的3D打印机使用月球土壤逐层构建，为基地打造一个防护壳，以防止宇宙辐射和微流星体的撞击。

图8 欧洲航天局展示如何3D打印月球基地

为了以最低限度的"墨水"用量确保足够的强度，防护壳被设计成类似泡沫的中空封闭的蜂窝结构。该结构的几何形状接近我们的天然生物系统。不久，该机构还将研究另一种在月球上进行 3D 打印的方法，即聚焦太阳光去融化月球的风化层，从而构建出指定的月上建筑。

但是，这种月球 3D 打印技术究竟如何才能打印出完整的月球基地？欧洲航天局和 Foster + Partners 公布了一段视频对此作出了回答。他们选择了月球南极沙克尔顿环形山的边缘作为月球基地的位置。欧洲航天局为此解释说，"月球的自转导致太阳光以极低的角度掠过其极点。其结果是沿着沙克尔顿环形山的边缘有一个近乎恒定的"永久光照区"，并且位于永久阴影区域旁边。在这样的地点建立基地能够利用其丰富的太阳能，最大限度避免在月球其它部分的极端冷热交替现象。"

2014 年 10 月，超过 350 名专家一起来到了欧洲航天局位于荷兰 Noordwijk 的 ESTEC 技术中心，参加了为期两天的增材制造空间应用研讨会。该会议的目的就是共同讨论如何应用 3D 打印技术以改造航天事业的运作方式，而且他们也已经开始准备为此统一标准。

欧空局还展示了一个 3D 打印的卫星太阳能电池板支架。这是一个钛金属版的原型，被称为 Adel'Light，由泰雷兹·阿莱尼亚宇航（Thales Alenia Space）公司制造，是他们现有 Adele 系统的轻量级版本。这个 3D 打印的版本比原有的设计质量减少了 80%，其前端的螺旋铰链可以作为一个单独的零件一次完成。

"在实践中，我们拥有多次针对地球上的极端气候设计建筑物的经验，而且主要使用本地的、可持续材料以获得环保效果。"Foster + Partners 专家建模小组的 Xavier De Kestelier 说。"我们对于月球居所的设计也遵循类似的逻辑。"

（资料来源：天工社）

8. Organovo 正式发布可商用的 3D 打印人类肝组织

2014 年 11 月 18 日，领先的 3D 生物打印技术公司 Organovo 正式宣布推出商用的 3D 打印人类肝脏组织 exVive 3D TM，以用于临床前的药物发现测试。一开始，客户将可以通过 Organovo 的合约研究服务项目来得到它。该模型的目的是提供人类特有的数据，以在后面阶段的临床前药物发现中帮助预测肝组织毒性或药物代谢（ADME）结果。

Organovo 使用其专有的 3D 生物打印技术，构建出了功能性的活性肝组织，该肝组织包含了精确和可重复的生物结构（下图为：生物打印的多细胞人类肝脏组织横截面，用苏木精－伊红褪色）。这个过程有点像喷墨打印机，将细胞排列进有 20 个细胞厚的组织中。exVive 3D 组织主要包括了初代人类肝细胞、星形肝细胞和内皮细胞等类型，这些都是天然人类肝组织的组成部分。该组织的功能性和稳定性可至少保留 42 天，以便于评估药物效果，远远超出了当下标准的 2D 肝细胞培养系统所能提供的持续时间。

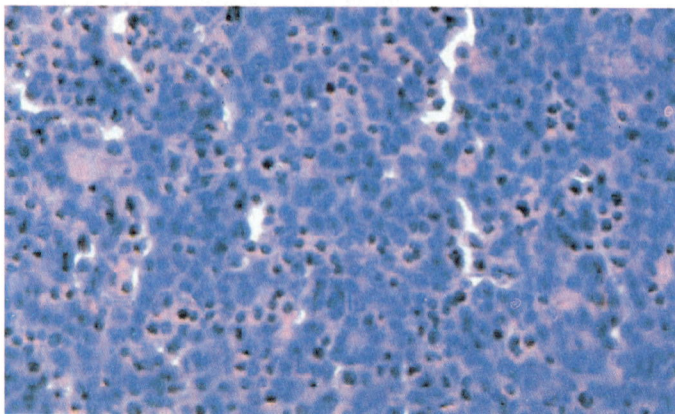

图 9　生物打印的多细胞人类肝脏组织横截面，用苏木精－伊红（H＆E）褪色

2014 年 11 月 16 日，Organovo 公司研发主任 Deb Nguyen 博士出席了在波士顿举办的功能分析和筛选技术（FAST）会议。在会上 Nguyen 博士分享了一些该公司 3D 打印的 exVive 3D 人体肝组织的一些突出的功能数据，包括首次证明 exVive 3D 可用于药物新陈代谢研究，是肝组织供体可复制性研究中的优良供体，并为实现对于药物损伤的两个特定机制研究提供了新的途径。

Organovo 证明，exVive 3D 肝模型能够制造重要的肝脏蛋白质包括白蛋白、纤维蛋白原和转铁蛋白、合成胆固醇，并能够诱导细胞色素 P450 酶的活动，包括 CYP 1A2 和 CYP 3A4。该 exVive 3D 打印肝脏已成功地区分出结构相关的已知有毒化合物和无毒化合物，并且该模型也已成功地用于在某个延长的时间点对于体外代谢产物的检测。重要的是，用户可以使用生物打印的肝组织的结构，收集生化和组织学数据，以便在多个级别观察化合物的反应。

3D 打印肝组织的的功能性和耐久性使得研究人员可以横跨生物化学、分子学和生物组织学对于低剂量或可重复剂量的给药方案进行评估。

（资料来源：天工社）

9. 美国医生利用 3D 打印心脏救活先心病婴儿

图 10   用 3D 打印的心脏模型

据外媒报道，利用 3D 打印技术可以改变人们生活，之前就有许多关于 3D 打印义肢帮助患者恢复正常生活的报道。纽约长老会医院的埃米尔·巴查博士(Dr.Emile Bacha)医生就讲述了他最近使用 3D 打印的心脏救活一名 2 周大婴儿的故事。

报道称，这名婴儿患有先天性心脏缺陷，它会在心脏内部制造"大量的洞"。在过去，这种类型的手术需要停掉心脏，将其打开并进行观察，然后在很短的时间内来决定接下来应该做什么。

但有了 3D 打印技术之后，巴查医生就可以在手术之前制作出心脏的模型，从而使他的团队可以对其进行检查，然后决定在手术当中到底应该做什么。

"这名婴儿原本需要进行 3-4 次手术，而现在一次就够了，"Bacha 医生说，"这名原本被认为寿命有限的婴儿今后应该可以过上正常的生活。"

巴查医生说，他使用了婴儿的 MRI 数据和 3D 打印技术制作了这个心脏模型。整个制作过程共花费了数千美元，不过他预计制作价格会在未来降低。

（资料来源：中新网）

10. EDAG 将展示 3D 打印的超轻概念车 Light Cocoon

德国著名的独立汽车设计公司 EDAG2014 年 12 月宣布，将在 2015 年日内瓦车展上推出其 Light Cocoon（轻茧）概念车。日内瓦车展是欧洲最重要的汽车展会，每年 3 月份举行，一向以概念车型、概念型汽车制造技术展示著称。

2014 年 3 月，EDAG 就在日内瓦车展上展示了 3D 打印的概念车 EDAG Genesis，这是 EDAG 轻质结构能力中心打造的。EDAG Genesis 采用了类似龟壳的仿生设计，可以起到保护和缓冲的作用。继 EDAG Genesis 成功之后，EDAG 又推出了 Light Cocoon 以展示自己先进的技术能力。Light Cocoon 使用了完整的经过仿生学优化的车辆结构，尤其值得一提的是这辆概念车使用了一种高科技防风雨织物面料作为其外壳面板。这种特殊的面料名为 Texapore Softshell，由户外用品厂商 Jack Wolfskin 提供的，为 Light Cocoon 提供了理想的防风防雨功能。

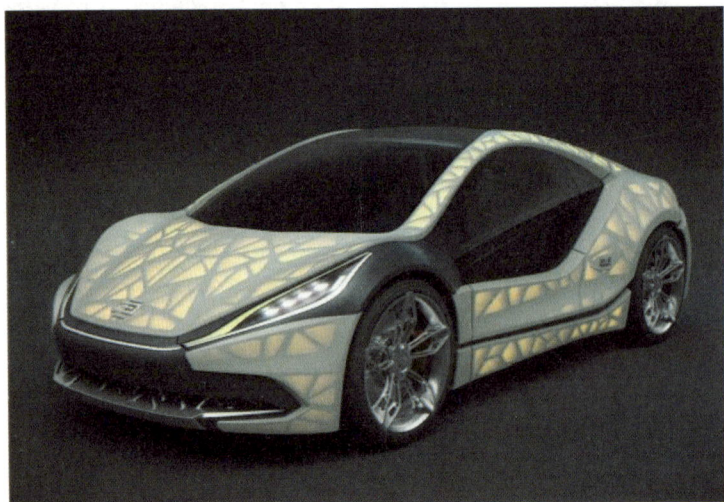

图 11 3D 打印的超轻概念车 Light Cocoon

EDAG 相信轻质化将是在汽车行业未来发展不可分割的一部分。他们的设计师从叶子中汲取灵感，把轻量级外壳做到了极致。"尽管这听起来有点科幻，但我们使用的这种织物材料每平米的重量不超过 19 克。Jack Wolfskin 的材料能够以最小的重量实现最大化的轻量化设计。"EDAG 公司 CTO Jörg Ohlsen 说。

"比较一下你就明白了：这种高强度的面料比标准复印纸轻四倍。"Ohlsen 补充说。"与经过拓扑优化和增材制造的结构相结合，它拥有巨大的发展潜力，并能够刺激未来的超轻量制造。"

为了实现仿生结构，EDAG 在生产 Light Cocoon 时使用了增材制造技术。"我们追求可持续发展的目标，而且这也是经过自然的验证的——重量轻、效率高，且无任何浪费。"EDAG 的首席设计师 Johannes Barckmann 说，"结果是：Light Cocoon 呈现的是稳定的树枝状结构，这种结构是通过 3D 打印机制造的，它只使用了绝对必须的材料"。

EDAG 试图通过 Cocoon 证明，它能够制造出一种轻质、高效的汽车。不过该公司并未披露其传动系统和碰撞保护功能，看来这些疑问要等到 2015 年 3 月份车展开幕时才能揭晓了。

（资料来源：天工社）

附录2：3D 打印发展大事记

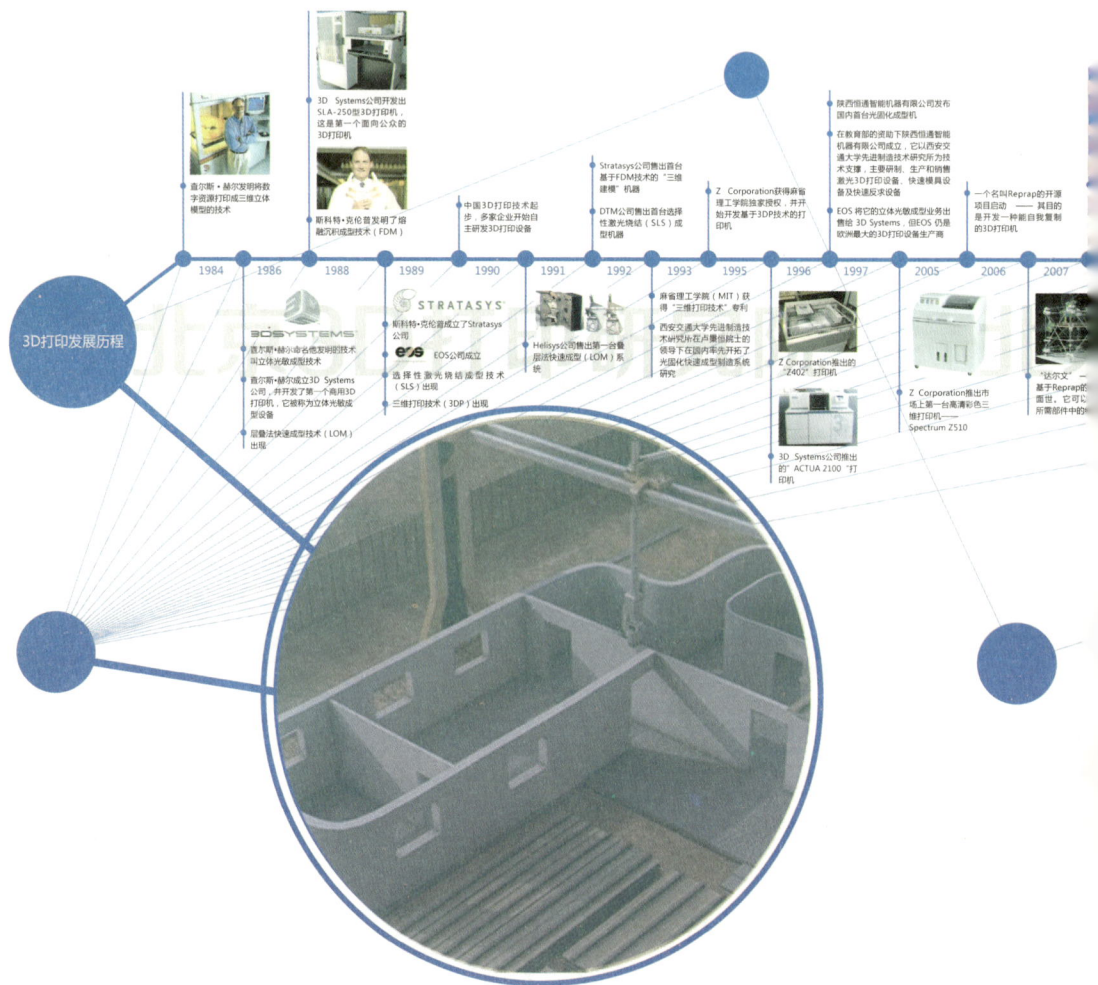

3D Systems公司开发出SLA-250型3D打印机，这是第一个面向公众的3D打印机

斯科特·克伦普发明了熔融沉积成型技术（FDM）

查尔斯·赫尔发明将数字资源打印成三维立体模型的技术

中国3D打印技术起步，多家企业开始自主研发3D打印设备

Stratasys公司售出首台基于FDM技术的"三维建模"机器

DTM公司售出首台选择性激光烧结（SLS）成型机器

Z Corporation获得麻省理工学院独家授权，并开始开发基于3DP技术的打印机

陕西恒通智能机器有限公司发布国内首台光固化成型机

在教育部的资助下陕西恒通智能机器有限公司成立，它以西安交通大学先进制造研究所为技术支撑，主要研制、生产和销售激光3D打印设备及快速成型设备

EOS 将它的立体光敏成型业务出售给 3D Systems，但EOS 仍是欧洲最大的3D打印设备生产商

一个名叫Reprap的开源项目启动 —— 其目的是开发一种能自我复制的3D打印机

| 1984 | 1986 | 1988 | 1989 | 1990 | 1991 | 1992 | 1993 | 1995 | 1996 | 1997 | 2005 | 2006 | 2007 |

3D打印发展历程

- 查尔斯·赫尔成立 3D Systems公司，并开发了第一个商用3D打印机，它被称为立体光敏成型设备
- 层叠法快速成型技术（LOM）出现

3DSYSTEMS
查尔斯·赫尔成立公司，叫立体光敏成型技术

STRATASYS
斯科特·克伦普成立了Stratasys公司

EOS EOS公司成立
选择性激光烧结成型技术（SLS）出现
三维打印技术（3DP）出现

Helisys公司售出第一台量品级快速成型（LOM）系统

麻省理工学院（MIT）获得"三维打印技术"专利

西安交通大学先进制造技术研究所在卢秉恒院士的领导下在国内率先开拓了光固化快速成型制造系统研究

Z Corporation推出的"Z402"打印机

3D Systems公司推出的"ACTUA 2100"打印机

Z Corporation推出市场上第一台高清彩色三维打印机——Spectrum Z510

"达尔文"——基于Reprap的图出世，可以制造所需配件的3D打印机

第一台3D打印成型的轿车——Urbee，它是用整个身躯的3D打印机打印出整个身躯的轿车，所有外部组件也均由3D打印制作完成

Organovo公司推出全球首台生物打印机

维也纳大学的研究人员利用二光子平板印刷技术（two-photon lithography）制作了尺寸不到0.3 mm的赛车模型，突破了3D打印的最小极限

Stratasys公司宣布与Objet公司合并

比利时的一辆几乎完全由3D打印的小型赛车，车速达到了140千米/小时

美国总统奥巴马提出投资10亿美元在全美建立15家制造业创新研究所

美国在俄亥俄州建立首个3D打印研究所

中国宣布是世界上唯一掌握大型结构关键件激光成型的国家

美国分布式防御组织成功测试3D打印的枪支弹夹

GloveOne——3D打印的手套形手机

Biozoon公司推出的3D打印食品

华曙发布号称全球最快的工业级3D打印机，激光扫描速度达到12.7m/s

全球首批3D打印房子亮相上海，24小时打印出10栋别墅

2009　2010　2011　2012　2013　2014

研究人员利用3D打印复制出一名男子的拇指

战机采用了3D打印的牛

Shapeways和Continuum Fashion时尚公司发布了第一款3D打印的比基尼泳装

世界上第一台巧克力3D打印机

世界上第一架3D打印的无人驾驶飞机

总重量为1.5公斤的超小3D打印机

世界上首例由3D打印技术制作的人工下颚骨移植手术在荷兰进行，接受移植的病人是患有骨髓炎的83岁女性

第一个3D打印人造耳朵，能够"听"到无线电频率

第一个3D打印笔

纳米级3D打印机Photonic Professional GT

全球首款3D打印金属枪

美国"太空制造"公司宣布，将于2014年为国际空间站提供一台3D打印机，供宇航员在轨生产零部件，无需再从地球运输零部件

一位设计师提出了利用3D打印技术专门打印衣服的家用概念机

北京3D打印研究院实验室建设

- 3D打印创意体验中心
- 三维扫描实验室
- 高精度测量实验室
- 3D桌面打印实验室
- 3D激光打印实验室
- 快速模具及后处理实验室
- 色彩处理实验室

（资料提供：北京3D打印研究院）

传统制造业在地理上的分布基于比较优势的原则，并利用规模经济和福特式流水作业进行组织协调，而3D打印技术，虽然仍处于起步阶段，但是已经显示出其打破传统制造业的潜在能力。特别是对于像中国这样的仍处于技术追赶阶段的新兴经济体，如何利用这种新技术带来的挑战是一个重要问题。在灵活的组织，精细的定制以及强调软件平台和创新的设计思维等方面，都需要进行新的思考。对于正在找寻未来20年的机遇和挑战的中国企业家，学者和政策制定者，本书是一本必读的书。

3d printing, although still in its infant stage, has shown its potential capability to disrupt traditional manufacturing that is geographically distributed based on the rule of comparative advantage and organizationally coordinated utilizing the principles of economy of scale and Ford-style assembly-line. How to adopt to the challenge of this new technology is an important issue particularly for emerging economies like China that are still in the phase of technological catch-up. New thinkings need to be developed for flexible organization, fine-grained customization and design thinking with emphasis on software platform and creativity. ... This book is a must read for Chinese entrepreneurs, scholars and policy makers who are looking into the opportunities and challenges in the next 20 years.

王砚波 美国波士顿大学商学院助理教授
Yanbo Wang Assistant Professor Boston University School of Management

3D打印技术被认为是21世纪最重要的制造技术之一。因其综合信息和分布式制造的双重能力，它有可能从根本上转变未来全球制造业竞争的范式。在世界各地的企业和企业家尝试新的商业模式之时，中国专家和政策制定者这一跨学科研究将为商业领袖和学者提供宝贵和重要的见解。衷心祝贺，深深敬意。

3D Printing is considered as one of the most significant manufacturing technologies of the 21st century. With its dual capacity of integrated information and distributed manufacturing, it has the potential to radically shift the paradigm of future global manufacturing competition. While enterprise and entrepreneurs around the world experiment with new business models, this interdisciplinary research by Chinese experts and policy makers from divers background should provide business leaders and scholars with valuable and critical insights. With hearty congratulations and deep respects.

金钟声 美国波士顿大学管理学院运营和技术管理系副教授
Jay Kim, Ph.D. Associate Professor of Operations and Technology Management Boston University School of Management

3D打印具有很强的潜力，是一个非常重要的新技术。它将使制造大众化，使用户能够在自己家里想象、创造、交换和打印新的物体和设备。新兴经济体可能会看到这种新技术影响传统制造企业而带来的颠覆性效果。对于那些在世界各地有兴趣全面介绍了3D打印技术的潜在经济效益的人，本书将是一本必读书。

3D printing has the strong potential to be an incredibly important new technology. It will enable the democratization of manufacturing, allowing users to imagine, create, trade and print new objects and devices in their own homes. Emerging economies could see disruptive effects from the impact of this new technology on traditional manufacturing businesses. This book will be a must read for those around the world interested in a comprehensive introduction to the potential economic consequences of 3D printing technology.

查克 伊斯莱
斯坦福科技创业计划管理科学与工程系斯坦福大学摩根泰勒研究员、助理教授
Chuck Eesley
Assistant Professor, Morgenthaler Faculty Fellow
Management Science & Engineering Dept.
Stanford Technology Ventures Program Stanford University

3D 打印技术拥有改变生产内容、生产方式，以及以生产成本的前景。包括航空航天和消费电子产品等一系列行业越来越多地在利用 3D 打印技术，更多行业则在评估其适用性。

因为 3D 打印技术在同一行业及不同行业间的扩散，传统生产模式可能因此而改变。对于生产制造业（包括劳动力市场）和消费，其后果将显而易见。这样的变化——通常被称为"破坏"——既有挑战也蕴含机遇，伴随着相关的分配结果。传统的制造业（和工人）可能面临显著压力，需要重新装备和获取新的技术设备，否则或将过时。反过来，未来的企业家则会因简便、（最终）速度，还有原型产品的成本降低而受益。这不仅提高了产品性能的创新，也可能是消费者的福音。

3D 打印技术使一切变得更快、更便宜，其扩散和越来越多的运用指日可期。如此，理解这些机遇和挑战的本质、程度和分布后果至关重要。

3D printing technology holds the promise of changing what is produced and and how, as well as at what cost. A range of industries including aerospace and consumer products increasing avail themselves of such technology, with others assessing its applicability.

As 3D printing technology diffuses within and across industries,historical modes of production are likely to change as well. This will have significant ramifications for manufacturing production (including labor markets) and consumption. Such change--often referred to as "disruption"--entails challenges and opportunities, with related distributional consequences. Traditional manufacturing (and workers)may face significant pressure to retool and acquire facility with new technologies or be rendered obsolete. Would-be entrepreneurs, in turn, may benefit by the ease, (eventual) speed, and reduced cost of prototyping products. This may also be a boon for consumers as well as innovation in manufactured products is increased.

As 3D printing technology becomes quicker and cheaper we can expect diffusion and increasing adoption. Understanding the nature, extent, and distribution consequences of opportunities and challenges is thus of paramount importance.

贾森·格林伯格 纽约大学斯特恩管理学助理教授
Jason Greenberg NYU Stern Assistant Professor of Management

作为各种工业垂直市场的设计和制造平台，3D 打印正在快速铺平道路；在未来动态的生态系统中，它也将为不同团队和组织协同工作创立新的国际准则。在中国从国家到地方的各种层面，从标准化到集成，从管理监管机构到实施新的或修改现有的指导方针和政策及其产业影响，本专著将为透视 3D 打印技术提供一个全新的全球视角。

3D printing is rapidly paving its way as an enabling designing and manufacturing platform for a variety of industrial verticals and, yet will set new international guidelines in how teams and organizations will work together in this ever dynamic ecosystem in the future. This monograph provides a comprehensive global perspective of 3D printing as it pertains to strategies of industrial impact from standardization to integration, governing regulatory bodies to implementation of new or modification of existing guidelines and policies to its effect on China at the local and national levels.

温斯顿·帕特里克·郭
哈佛大学口腔医学院发育生物学系助理教授，医学博士
哈佛大学医学院哈佛创新技术转化催化剂实验室主任
IES 诊断首席营运官
Winston Patrick Kuo, DDS, SM, DMSc
Assistant Professor, Department of Developmental Biology,
Harvard School of Dental Medicine
Director, Harvard Catalyst Laboratory for Innovative Translational Technologies,
Harvard Medical School,
Chief Operating Officer, IES Diagnostics